地下建筑结构设计原理与方法
课程设计指导书

The Course Design
Guide Book
for
Design Principles and Methods of Underground Structures

李树忱 马腾飞 冯现大 / 编著
关宝树 / 主审

人民交通出版社股份有限公司
China Communications Press Co.,Ltd.

内 容 提 要

本书是《地下建筑结构设计原理与方法》的配套课程设计指导书，共分为两部分。第一部分是课程设计任务书。第二部分是课程设计实例，主要包括：隧道埋深情况，深、浅埋分界深度计算，各级围岩隧道主动荷载计算，隧道结构 ANSYS 数值计算，配筋计算，并附上了 ANSYS 建模与计算命令流。

本书可作为高校土木工程、城市地下空间工程等土建类专业本科生教材，也可供课程设计指导教师参考。

图书在版编目(CIP)数据

地下建筑结构设计原理与方法课程设计指导书 / 李树忱，马腾飞，冯现大编著. — 北京 ：人民交通出版社股份有限公司，2018.1

ISBN 978-7-114-13849-2

Ⅰ. ①地… Ⅱ. ①李… ②马… ③冯… Ⅲ. ①地下建筑物—建筑结构—结构设计 Ⅳ. ①TU93

中国版本图书馆 CIP 数据核字(2017)第 115693 号

书　　名： 地下建筑结构设计原理与方法课程设计指导书
著 作 者： 李树忱　马腾飞　冯现大
责任编辑： 王　霞　李　梦
出版发行： 人民交通出版社股份有限公司
地　　址： (100011)北京市朝阳区安定门外外馆斜街 3 号
网　　址： http://www.ccpress.com.cn
销售电话： (010)59757973
总 经 销： 人民交通出版社股份有限公司发行部
经　　销： 各地新华书店
印　　刷： 北京鑫正大印刷有限公司
开　　本： 787 × 1092　1/16
印　　张： 3.75
字　　数： 82 千
版　　次： 2018 年 1 月　第 1 版
印　　次： 2018 年 1 月　第 1 次印刷
书　　号： ISBN 978-7-114-13849-2
定　　价： 12.00 元

目 录

Contents

第一部分 课程设计任务书

第二部分 课程设计实例

第一部分

课程设计任务书

一、工程概况

本次设计的京沪高速铁路西渴马一号隧道为双向单洞双线高速铁路隧道，进口里程为DK420+395，全长2812m。隧道进口位于长清县西渴马村西南端，出口位于大刘庄北之低山斜坡上，地势起伏较大，最大高差210m，隧道最大埋深201m，洞身DK421+375～DK421+600，为一山沟上游，隧道埋深相对较浅。

本次设计要求采用新奥法原理结合已有资料对京沪高速铁路西渴马一号隧道的二次衬砌进行配筋设计。

二、已知资料

设计依据《铁路隧道设计规范》（TB 10003—2016）。

（1）隧道内轮廓尺寸见图1-1。

（2）Ⅲ～Ⅴ级围岩采用曲墙带仰拱的衬砌。

（3）各级围岩隧道衬砌结构钢筋混凝土强度等级为C30。

（4）Ⅲ～Ⅴ级围岩二次衬砌厚度见表1-1。

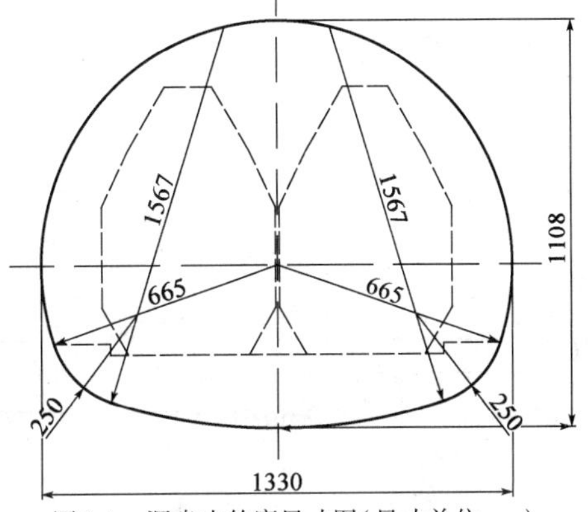

图1-1　洞身内轮廓尺寸图（尺寸单位：cm）

衬砌参数表　　表1-1

围岩级别	二次衬砌厚度（mm）	围岩级别	二次衬砌厚度（mm）
Ⅲ	400	Ⅴ	500
Ⅳ	450		

（5）隧道埋深情况如下：

根据隧道纵断面图（图1-2），划分45段，各段隧道覆土厚度情况统计到表1-2。

各段隧道覆土厚度　　表1-2

段号	开始里程	结束里程	长度（m）	围岩级别	最小覆土厚度（m）	最大覆土厚度（m）
1						
2						
…						
44						
45						

三、设计要求

（1）隧道深浅埋的确定

根据深浅埋隧道分界深度计算原理，结合隧道覆土厚度情况，确定各级围岩条件下的隧道埋深。

（2）围岩压力的计算

根据所得的隧道埋深，计算各级围岩深浅埋隧道所承受的围岩压力。各级围岩的物理力学指标参照《铁路隧道设计规范》（TB 10003—2016）。

(3)结构内力计算

根据计算弹性反力的弹性支承法,采用荷载—结构模型,对各级围岩下的隧道二次衬砌内力进行计算,采用 ANSYS 有限元软件。衬砌结构物理力学参数指标参照《铁路隧道设计规范》(TB 10003—2016)。

(4)配筋计算

根据上述计算所得的二次衬砌内力,按照《铁路隧道设计规范》(TB 10003—2016),对各级围岩二次衬砌的承载能力进行验算,不满足条件的进行配筋设计。

四、附图(图 1-2)

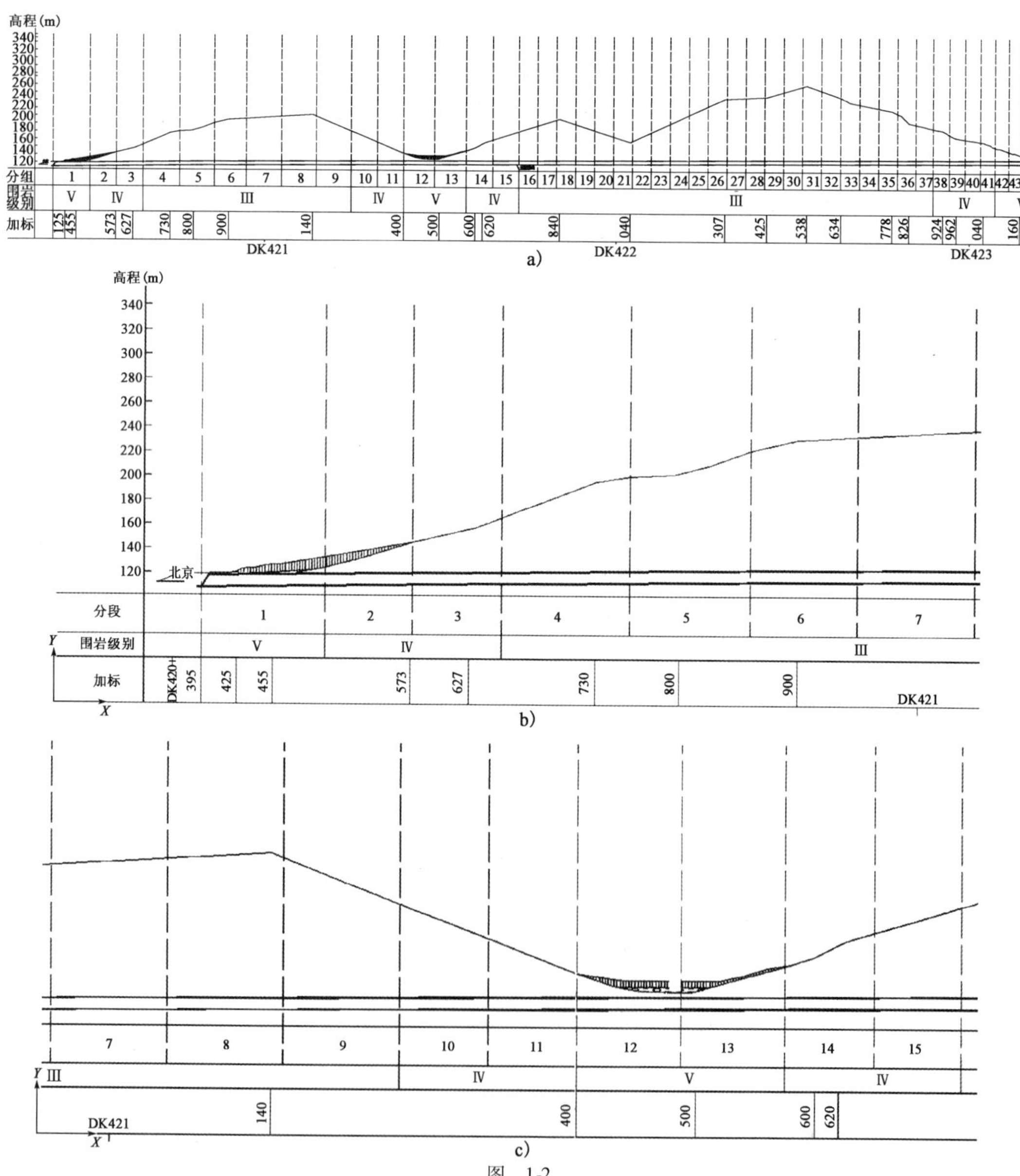

图 1-2

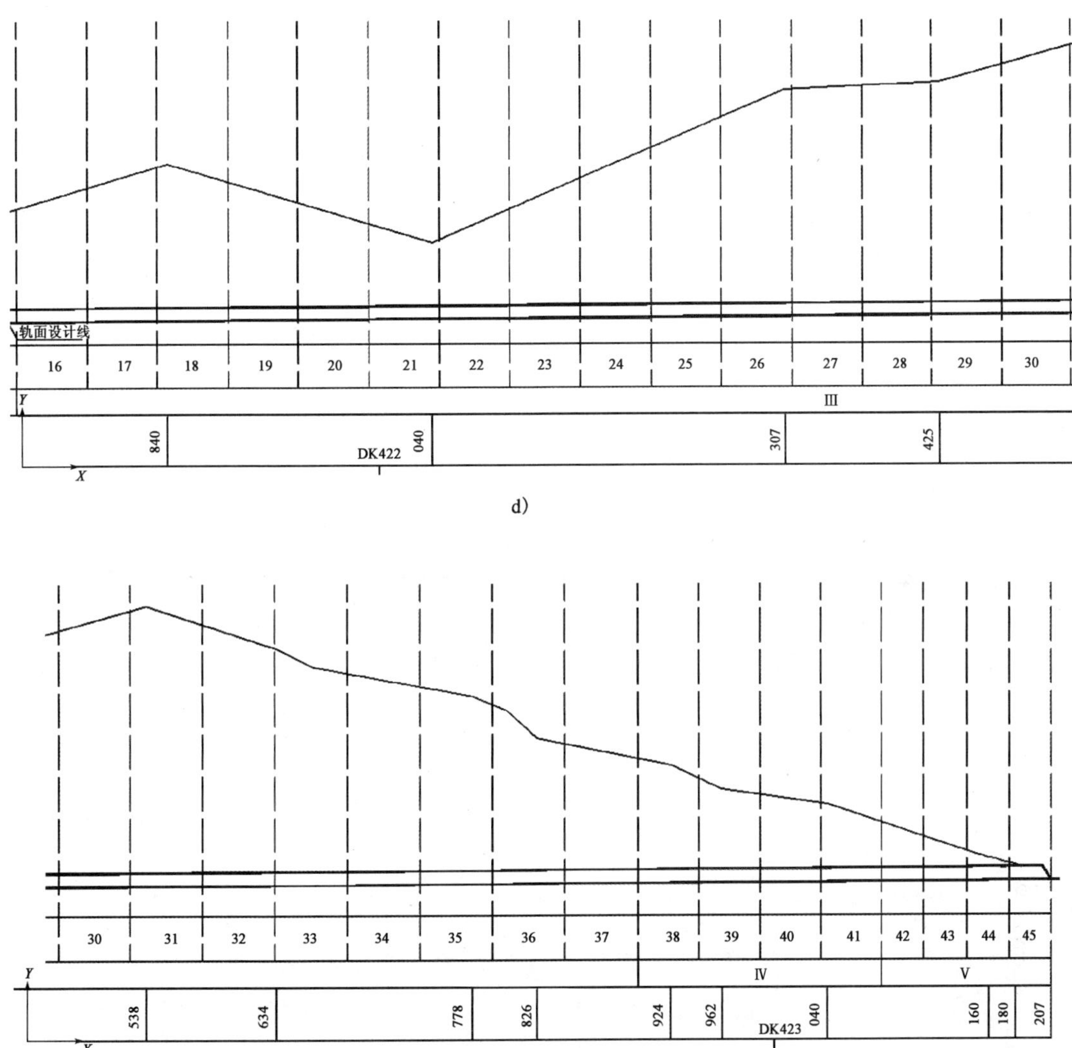

d）

e）

图 1-2　隧道纵断面图

第二部分

课程设计实例

一、隧道埋深情况

根据隧道纵断面图,将各级围岩隧道的埋深情况整理如表 2-1 ~ 表 2-3 所示。

Ⅲ级围岩隧道埋深情况　　表 2-1

编号	开始里程	结束里程	长度(m)	最小埋深(m)	最大埋深(m)
①	DK420 +650	DK421 +250	600	44.52	119.17
②	DK421 +725	DK422 +900	1175	46.81	192.02

注:Ⅲ级围岩中最小埋深为 44.52m,最大埋深为 192.02m。

Ⅳ级围岩隧道埋深情况　　表 2-2

编号	开始里程	结束里程	长度(m)	最小埋深(m)	最大埋深(m)
①	DK420 +500	DK420 +650	150	14.03	44.52
②	DK421 +250	DK421 +400	150	19.78	77.12
③	DK421 +575	DK421 +725	150	26.10	74.26
④	DK422 +900	DK423 +080	180	32.86	80.26

注:Ⅳ级围岩中最小埋深为 14.03m,最大埋深为 80.26m。

Ⅴ级围岩隧道埋深情况　　表 2-3

编号	开始里程	结束里程	长度(m)	最小埋深(m)	最大埋深(m)
①	DK420 +395	DK420 +500	105	0.00	14.03
②	DK421 +400	DK421 +575	175	13.78	26.10
③	DK423 +080	DK421 +207	127	0.00	32.86

注:Ⅴ级围岩中最小埋深为 0.00m,最大埋深为 32.86m。

二、深、浅埋分界深度计算

1. 深、浅埋隧道分界深度计算原理

根据规范,按荷载等效高度值,并结合地质条件、施工方法等因素综合判定。荷载等效高度的判定公式为:

$$H_\alpha = (2.0 \sim 2.5) h_\alpha$$

式中:H_α——浅埋隧道分界深度,m;

h_α——荷载等效高度,m,计算公式为:

$$h_\alpha = 0.45 \times 2^{s-1} \times \omega$$

式中:s——围岩级别;

ω——宽度影响系数。

ω 的计算公式为:

$$\omega = 1 + i \cdot (B - 5)$$

式中:B——隧道宽度,m;

i——B 每增减 1m 时的围岩压力增减率,以 $B = 5$m 的围岩垂直均布压力为准,当 B <

5m 时，取 $i=0.2$；当 $B>5\text{m}$ 时，取 $i=0.1$。

在矿山法施工的条件下，Ⅳ～Ⅴ级围岩取：

$$H_\alpha=2.5h_\alpha$$

Ⅰ～Ⅲ级围岩取：

$$H_\alpha=2.0h_\alpha$$

2. 各级围岩隧道分界深度计算

在本设计中，隧道宽度 $B=13.3\text{m}$，$\omega=1+0.1\times(13.3-5)=1.83$。

（1）Ⅲ级围岩隧道

$$h_\alpha=0.45\times2^{3-1}\times1.83=3.294\text{m}$$

$$H_\alpha=2h_\alpha=2\times3.294=6.588\text{m}$$

由于Ⅲ级围岩隧道最小埋深为 44.52m＞6.588m，故全为深埋隧道。

（2）Ⅳ级围岩隧道

$$h_\alpha=0.45\times2^{4-1}\times1.83=6.588\text{m}$$

$$H_\alpha=2.5h_\alpha=2.5\times6.588=16.47\text{m}$$

由于Ⅳ级围岩隧道①段最小埋深为 14.03m＜16.47m，故包括浅埋和深埋隧道。其余段最小埋深为 19.78m＞16.47m，故全部为深埋隧道。

（3）Ⅴ级围岩隧道

$$h_\alpha=0.45\times2^{5-1}\times1.83=13.176\text{m}$$

$$H_\alpha=2.5h_\alpha=2.5\times13.176=32.94\text{m}$$

由于Ⅴ级围岩隧道最大埋深为 32.86m＜32.94m，故全部为浅埋隧道。

三、各级围岩隧道主动荷载计算

1. 深埋隧道荷载模型（图 2-1）

（1）Ⅲ级围岩深埋隧道

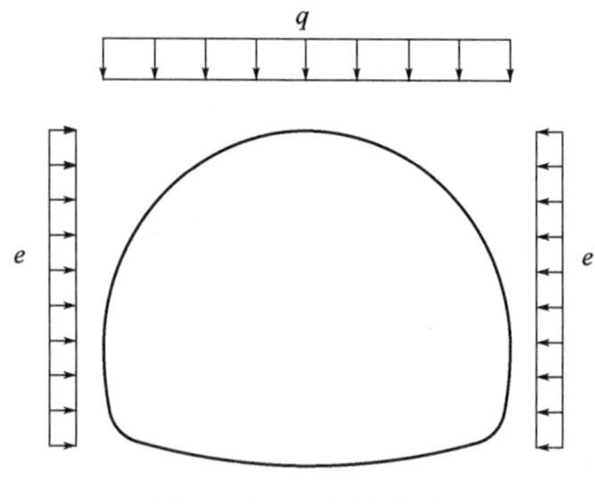

图 2-1　深埋隧道荷载模型

$$h_\alpha=0.45\times2^{3-1}\times1.83=3.294\text{m}$$

取围岩重度 $\gamma=25\text{kN/m}^3$，侧压力系数 $\lambda=0.15$，则

竖向荷载 $q=\gamma h_\alpha=25\times3.294=82.35\text{kN/m}^2$

侧向荷载 $e=\lambda q=0.15\times82.35=12.3525\text{kN/m}^2$

（2）Ⅳ级围岩深埋隧道

$$h_\alpha=0.45\times2^{4-1}\times1.83=6.588\text{m}$$

取围岩重度 $\gamma=23\text{kN/m}^3$，侧压力系数 $\lambda=0.3$，则

竖向荷载 $q=\gamma h_\alpha=23\times6.588=151.524\text{kN/m}^2$

侧向荷载 $e=\lambda q=0.3\times151.52=45.456\text{kN/m}^2$

2. 浅埋隧道梯度荷载模型(图 2-2)

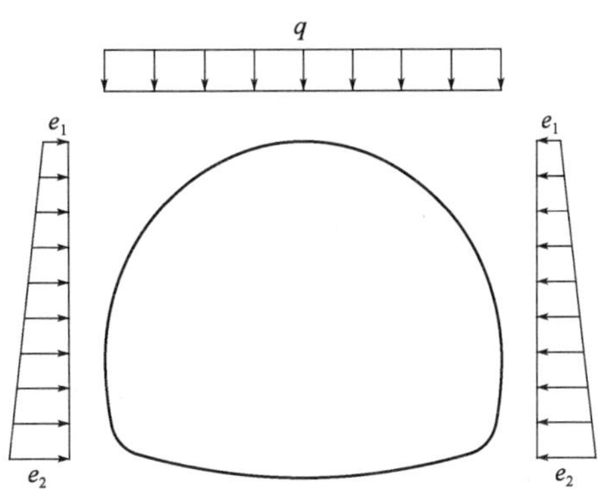

图 2-2　浅埋隧道梯度荷载模型

(1)Ⅳ级围岩挟持力浅埋隧道

选取最大埋深截面为计算截面,埋深 $h=16.47\text{m}$。

取围岩计算摩擦角:$\varphi_c=50°$,取滑面摩擦角:$\theta=0.7\varphi_c=35°$,则侧压力系数:

$$\tan\beta=\tan\varphi_c+\sqrt{\frac{(\tan^2\varphi_c+1)\tan\varphi_c}{\tan\varphi_c-\tan\theta}}$$

$$=\tan50°+\sqrt{\frac{(\tan^2 50°+1)\tan 50°}{\tan 50°-\tan 35°}}=3.614$$

$$\lambda=\frac{\tan\beta-\tan\varphi_c}{\tan\beta[1+\tan\beta(\tan\varphi_c-\tan\theta)+\tan\varphi_c\tan\theta]}$$

$$=\frac{3.614-\tan 50°}{3.614\times[1+3.614\times(\tan 50°-\tan 35°)+\tan 50°\times\tan 35°]}$$

$$=0.1856$$

竖向均布荷载:

$$q=\gamma h\left(1-\frac{h}{B}\lambda\tan\theta\right)$$

$$=23\times16.47\times\left(1-\frac{16.47}{13.3}\times0.1856\times\tan 35°\right)=317.846\text{kN/m}^2$$

水平荷载:

$$e=\frac{1}{2}(e_1+e_2)=\frac{1}{2}\gamma(h+H)\lambda$$

$$=0.5\times23\times(16.47+16.47+11.08)\times0.1856=93.956\text{kN/m}^2$$

(2)Ⅴ级围岩挟持力浅埋隧道

选取最大埋深截面为计算截面,埋深 $h=32.86\text{m}$。取围岩计算摩擦角:$\varphi_c=40°$,取滑面摩擦角:$\theta=0.5\varphi_c=20°$,则侧压力系数:

$$\tan\beta=\tan\varphi_c+\sqrt{\frac{(\tan^2\varphi_c+1)\tan\varphi_c}{\tan\varphi_c-\tan\theta}}$$

$$=\tan40°+\sqrt{\frac{(\tan^2 40°+1)\tan 40°}{\tan 40°-\tan 20°}}=2.574$$

$$\lambda=\frac{\tan\beta-\tan\varphi_c}{\tan\beta[1+\tan\beta(\tan\varphi_c-\tan\theta)+\tan\varphi_c\tan\theta]}$$

$$=\frac{2.574-\tan 40°}{2.574\times[1+2.574\times(\tan 40°-\tan 20°)+\tan 40°\times\tan 20°]}$$

$$=0.2666$$

竖向均布荷载：

$$q = \gamma h\left(1 - \frac{h}{B}\lambda \tan\theta\right)$$

$$= 20 \times 32.86 \times \left(1 - \frac{32.86}{13.3} \times 0.2666 \times \tan 20°\right) = 499.642\text{kN/m}^2$$

水平荷载：

$$e = \frac{1}{2}(e_1 + e_2) = \frac{1}{2}\gamma(h + H)\lambda$$

$$= 0.5 \times 20 \times (32.86 + 32.86 + 11.08) \times 0.2666 = 204.749\text{kN/m}^2$$

四、隧道结构 ANSYS 数值计算

1.建模步骤

(1)定义材料特性和界面性质

二次衬砌均采用 C30 钢筋混凝土，由规范可得以下物理量。

重度：$\gamma = 25\text{kN/m}^3$

弹性模量：$E_c = 31\text{GPa}$

泊松比：$\varepsilon = 0.2$

截面面积：

$$A = b \cdot h$$

截面惯性矩：

$$I_x = \frac{bh^3}{12}$$

上述式中：h——截面高度，m；

b——计算长度，取 1m。

(2)建立几何模型

采用二次衬砌的中轴线作为模型的轮廓线。

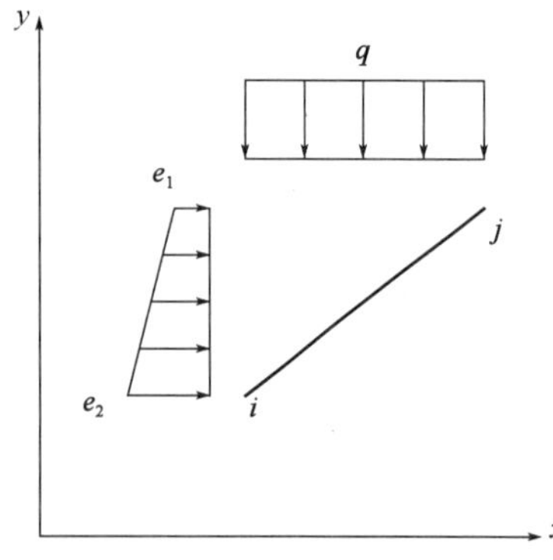

图 2-3　单元荷载图

(3)划分网格

(4)计算节点荷载

单元荷载图见图 2-3。

i 节点的等效节点荷载列阵为：

$$\begin{Bmatrix} F_{xi} \\ F_{yi} \\ M_i \end{Bmatrix} = \begin{cases} -\dfrac{7e_1 + 3e_2}{20}|y_j - y_i| \\ -\dfrac{7q_1 + 3q_2}{20}|x_j - x_i| \\ -\dfrac{1}{60}(y_j - y_i)^2(3e_1 + 2e_2) - \dfrac{1}{60}(x_j - x_i)^2(3q_1 + 2q_2) \end{cases}$$

j 节点的等效节点荷载列阵为：

$$\begin{Bmatrix} F_{xj} \\ F_{yj} \\ M_j \end{Bmatrix} = \begin{cases} -\dfrac{3e_1+7e_2}{20}|y_j-y_i| \\ -\dfrac{3q_1+7q_2}{20}|x_j-x_i| \\ -\dfrac{1}{60}(y_j-y_i)^2(2e_1+3e_2)-\dfrac{1}{60}(x_j-x_i)^2(2q_1+3q_2) \end{cases}$$

(5)计算弹簧

弹簧刚度系数：

$$k=K\cdot l\cdot b$$

式中：K——弹性抗力系数；

l——单元长度。

(6)加载荷载和弹簧

弹簧方向均采用径向。

(7)求解计算、修改弹簧、显示最终计算结果

计算后，逐步去掉受拉弹簧，当最后计算结果中没有受拉弹簧时，即为最后计算结果。

2. 建模计算

(1)Ⅲ级围岩深埋隧道衬砌

围岩特性：重度 $\gamma=25\text{kN/m}^3$，弹性模量 $E_c=31\text{GPa}$，泊松比 $\varepsilon=0.2$，侧压力系数 $\lambda=0.15$，弹性抗力系数 $K=1200\text{MPa/m}$。

竖向均布荷载：$q=\gamma h_\alpha=25\times3.294=82.35\text{kN/m}^2$。

横向均布荷载：$e=\lambda q=0.15\times82.35=12.3525\text{kN/m}^2$。

二次衬砌厚度为400mm，带仰拱。

施加了主动荷载和径向弹簧，以及约束条件的结构模型如图2-4所示。

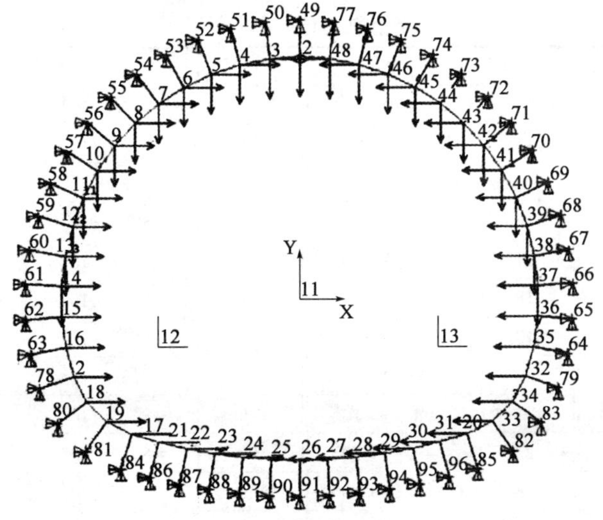

图2-4　荷载模型图

由于部分弹簧并不是处于受压状态，而是处于受拉状态，需要经过反复的试算去除受拉弹簧。最终得到结构变形图、内力图，分别如图 2-5 ~ 图 2-8 所示，各图对应的节点内力值见表 2-4 ~ 表 2-6。

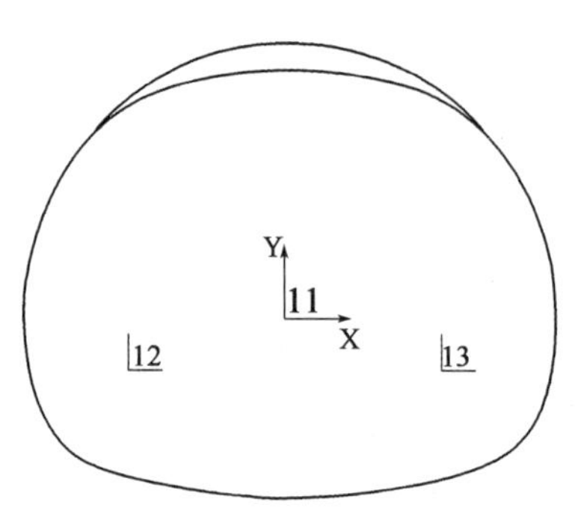

图 2-5　结构变形图

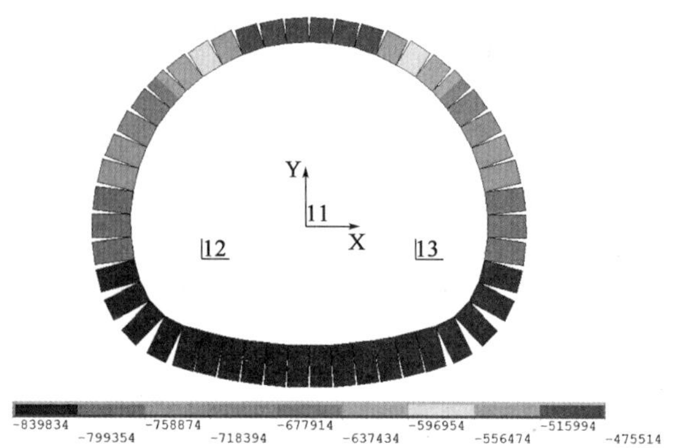

图 2-6　结构轴力图（单位:N）

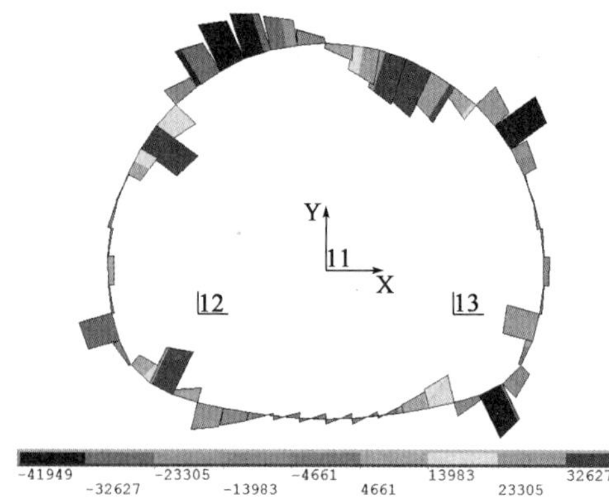

图 2-7　结构剪力图（单位:N）

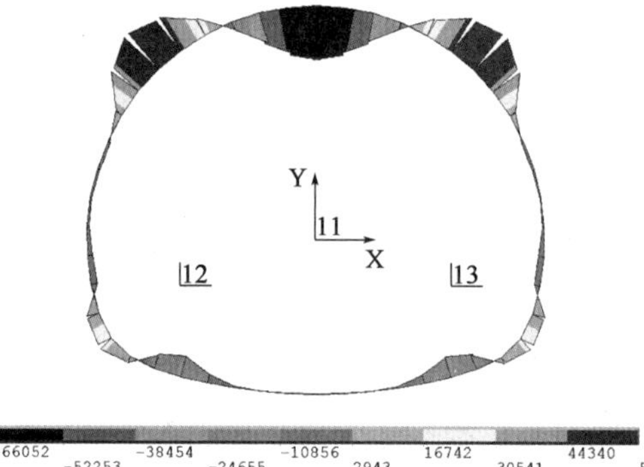

图 2-8　结构弯矩图（单位:N · m）

节点轴力值（单位:N）　　表 2-4

节点号	N	节点号	N	节点号	N	节点号	N
1	-4.76×10^5	13	-7.79×10^5	25	-8.40×10^5	37	-7.76×10^5
2	-4.85×10^5	14	-7.87×10^5	26	-8.39×10^5	38	-7.57×10^5
3	-5.05×10^5	15	-7.99×10^5	27	-8.38×10^5	39	-7.32×10^5
4	-5.32×10^5	16	-8.21×10^5	28	-8.35×10^5	40	-7.03×10^5
5	-5.65×10^5	17	-8.31×10^5	29	-8.31×10^5	41	-6.72×10^5
6	-6.00×10^5	18	-8.34×10^5	30	-8.26×10^5	42	-6.41×10^5
7	-6.35×10^5	19	-8.24×10^5	31	-8.37×10^5	43	-6.06×10^5
8	-6.66×10^5	20	-8.29×10^5	32	-8.37×10^5	44	-5.70×10^5
9	-6.96×10^5	21	-8.33×10^5	33	-8.28×10^5	45	-5.36×10^5
10	-7.24×10^5	22	-8.37×10^5	34	-8.07×10^5	46	-5.08×10^5
11	-7.49×10^5	23	-8.39×10^5	35	-7.96×10^5	47	-4.87×10^5
12	-7.67×10^5	24	-8.40×10^5	36	-7.87×10^5	48	-4.76×10^5

节点剪力值(单位:N) 表 2-5

节点号	Q	节点号	Q	节点号	Q	节点号	Q
1	-4.50×10^3	13	4.73×10^3	25	-4.34×10^3	37	-7.41×10^2
2	-2.01×10^4	14	5.98×10^2	26	-4.58×10^3	38	2.68×10^3
3	-3.09×10^4	15	-2.86×10^4	27	-1.81×10^3	39	1.43×10^3
4	-3.40×10^4	16	-5.65×10^3	28	6.87×10^3	40	-1.19×10^4
5	-2.72×10^4	17	1.03×10^4	29	1.57×10^4	41	-3.71×10^4
6	-8.68×10^3	18	3.20×10^4	30	-1.16×10^4	42	-1.66×10^4
7	2.22×10^4	19	4.09×10^3	31	-3.89×10^4	43	1.50×10^4
8	4.19×10^4	20	-2.33×10^4	32	-1.58×10^4	44	3.41×10^4
9	1.58×10^4	21	-1.45×10^4	33	2.09×10^3	45	4.15×10^4
10	1.54×10^3	22	-5.88×10^3	34	2.65×10^4	46	3.87×10^4
11	-7.01×10^2	23	-3.16×10^3	35	-1.72×10^3	47	2.82×10^4
12	1.70×10^3	24	-3.42×10^3	36	-4.81×10^3	48	1.27×10^4

节点弯矩值(单位:N·m) 表 2-6

节点号	M	节点号	M	节点号	M	节点号	M
1	-6.61×10^4	13	-2.67×10^3	25	-9.80×10^2	37	-2.67×10^3
2	-5.88×10^4	14	-6.68×10^3	26	-6.16×10^2	38	-1.65×10^3
3	-3.85×10^4	15	-7.65×10^3	27	-52.5	39	-3.07×10^3
4	-9.26×10^3	16	1.55×10^4	28	-1.66×10^3	40	-3.02×10^3
5	2.25×10^4	17	1.85×10^4	29	-1.01×10^4	41	8.64×10^3
6	4.82×10^4	18	8.34×10^3	30	-2.56×10^4	42	4.19×10^4
7	5.81×10^4	19	-1.94×10^4	31	-1.94×10^4	43	5.81×10^4
8	4.19×10^4	20	-2.56×10^4	32	8.34×10^3	44	4.82×10^4
9	8.64×10^3	21	-1.01×10^4	33	1.85×10^4	45	2.25×10^4
10	-3.02×10^3	22	-1.66×10^3	34	1.55×10^4	46	-9.26×10^3
11	-3.07×10^3	23	-52.5	35	-7.65×10^3	47	-3.85×10^4
12	-1.65×10^3	24	-6.16×10^2	36	-6.68×10^3	48	-5.88×10^4

(2)Ⅳ级围岩深埋隧道衬砌

围岩特性:重度 $\gamma=23\text{kN/m}^3$,弹性模量 $E_c=6\text{GPa}$,泊松比 $\varepsilon=0.35$,侧压力系数 $\lambda=0.3$,弹性抗力系数 $K=500\text{MPa/m}$。

竖向均布荷载:$q=\gamma h_\alpha=23\times6.588=151.524\text{kN/m}^2$。

横向均布荷载:$e=\lambda q=0.3\times151.52=45.456\text{kN/m}^2$。

二次衬砌厚度为450mm,带仰拱。

施加了主动荷载和径向弹簧,以及约束条件的结构模型如图2-9所示。

经过反复的试算去除受拉弹簧。最终得到结构变形图、内力图,分别如图2-10～图2-13所示,各图对应的节点内力值见表2-7～表2-9。

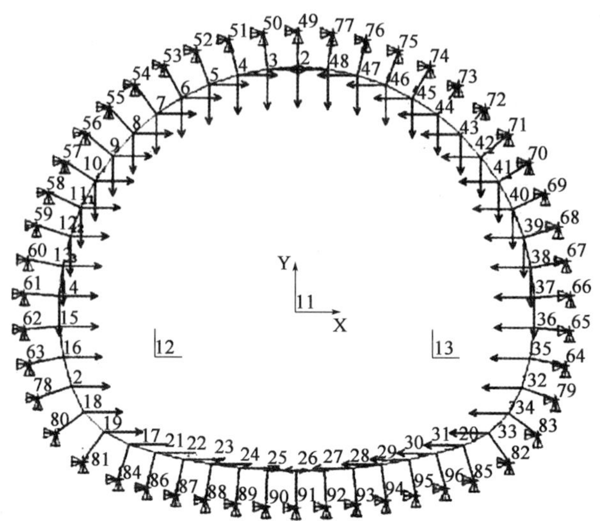

图 2-9　荷载模型图

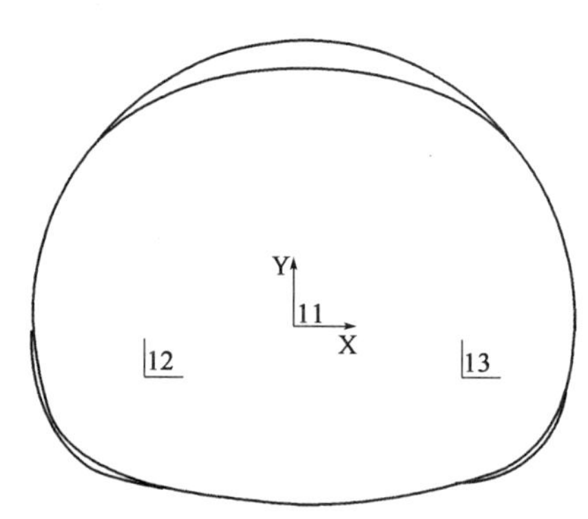

图 2-10　结构变形图

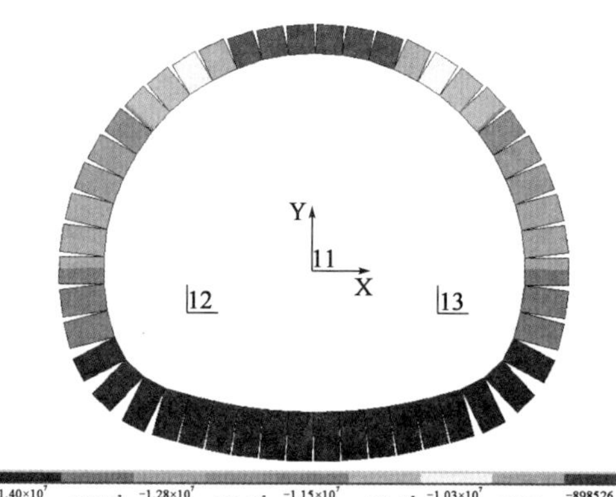

图 2-11　结构轴力图(单位:N)

节点轴力值(单位:N)　　表 2-7

节点号	N	节点号	N	节点号	N	节点号	N
1	-8.35×10^5	13	-1.27×10^6	25	-1.40×10^6	37	-1.27×10^6
2	-8.51×10^5	14	-1.29×10^6	26	-1.40×10^6	38	-1.25×10^6
3	-8.81×10^5	15	-1.31×10^6	27	-1.40×10^6	39	-1.21×10^6
4	-9.23×10^5	16	-1.35×10^6	28	-1.39×10^6	40	-1.18×10^6
5	-9.74×10^5	17	-1.38×10^6	29	-1.38×10^6	41	-1.14×10^6
6	-1.03×10^6	18	-1.38×10^6	30	-1.37×10^6	42	-1.09×10^6
7	-1.08×10^6	19	-1.37×10^6	31	-1.39×10^6	43	-1.03×10^6
8	-1.13×10^6	20	-1.38×10^6	32	-1.39×10^6	44	-9.79×10^5
9	-1.17×10^6	21	-1.39×10^6	33	-1.36×10^6	45	-9.27×10^5
10	-1.20×10^6	22	-1.40×10^6	34	-1.32×10^6	46	-8.84×10^5
11	-1.24×10^6	23	-1.40×10^6	35	-1.30×10^6	47	-8.53×10^5
12	-1.26×10^6	24	-1.40×10^6	36	-1.28×10^6	48	-8.36×10^5

节点剪力值(单位:N)　　表 2-8

节点号	Q	节点号	Q	节点号	Q	节点号	Q
1	-1.08×10^{4}	13	1.03×10^{4}	25	-2.18×10^{3}	37	-7.94×10^{3}
2	-3.92×10^{4}	14	-7.63×10^{3}	26	4.88×10^{3}	38	-7.41×10^{3}
3	-6.03×10^{4}	15	-6.89×10^{4}	27	1.78×10^{4}	39	-2.19×10^{4}
4	-6.98×10^{4}	16	-4.34×10^{4}	28	3.11×10^{4}	40	-5.23×10^{4}
5	-6.42×10^{4}	17	2.10×10^{4}	29	2.10×10^{4}	41	-7.09×10^{4}
6	-4.11×10^{4}	18	8.99×10^{4}	30	-6.26×10^{4}	42	5.65×10^{3}
7	6.59×10^{2}	19	5.42×10^{4}	31	-9.76×10^{4}	43	4.82×10^{4}
8	7.63×10^{4}	20	-2.95×10^{4}	32	-2.72×10^{4}	44	7.20×10^{4}
9	5.67×10^{4}	21	-3.97×10^{4}	33	3.94×10^{4}	45	7.81×10^{4}
10	2.53×10^{4}	22	-2.64×10^{4}	34	6.65×10^{4}	46	6.91×10^{4}
11	9.64×10^{3}	23	-1.36×10^{4}	35	6.38×10^{3}	47	4.83×10^{4}
12	9.01×10^{3}	24	-6.55×10^{3}	36	-1.04×10^{4}	48	2.00×10^{4}

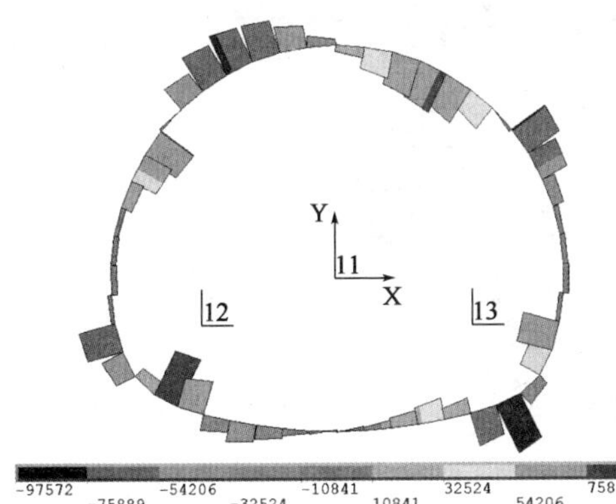

图 2-12　结构剪力图(单位:N)

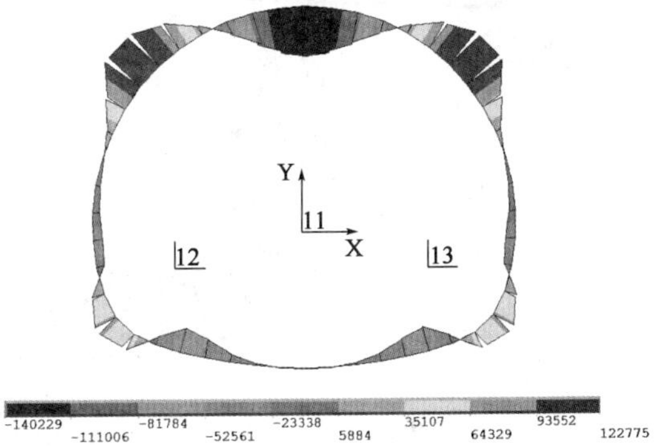

图 2-13　结构弯矩图(单位:N·m)

节点弯矩值(单位:N·m)　　表 2-9

节点号	M	节点号	M	节点号	M	节点号	M
1	-1.40×10^{5}	13	-1.90×10^{4}	25	3.70×10^{3}	37	-1.90×10^{4}
2	-1.27×10^{5}	14	-2.77×10^{4}	26	1.97×10^{3}	38	-1.19×10^{4}
3	-9.05×10^{4}	15	-2.18×10^{4}	27	-5.33×10^{3}	39	-4.72×10^{3}
4	-3.62×10^{4}	16	3.51×10^{4}	28	-2.28×10^{4}	40	1.51×10^{4}
5	2.59×10^{4}	17	6.75×10^{4}	29	-5.09×10^{4}	41	6.09×10^{4}
6	8.32×10^{4}	18	4.86×10^{4}	30	-7.08×10^{4}	42	1.23×10^{5}
7	1.21×10^{5}	19	-2.46×10^{4}	31	-2.46×10^{4}	43	1.21×10^{5}
8	1.23×10^{5}	20	-7.08×10^{4}	32	4.86×10^{4}	44	8.32×10^{4}
9	6.09×10^{4}	21	-5.09×10^{4}	33	6.75×10^{4}	45	2.59×10^{4}
10	1.51×10^{4}	22	-2.28×10^{4}	34	3.51×10^{4}	46	-3.62×10^{4}
11	-4.72×10^{3}	23	-5.33×10^{3}	35	-2.18×10^{4}	47	-9.05×10^{4}
12	-1.19×10^{4}	24	1.97×10^{3}	36	-2.77×10^{4}	48	-1.27×10^{5}

(3) Ⅳ级围岩浅埋隧道衬砌

围岩特性：重度 $\gamma = 23\text{kN/m}^3$，弹性模量 $E_c = 6\text{GPa}$，泊松比 $\varepsilon = 0.35$，弹性抗力系数 $K = 500\text{MPa/m}$，侧压力系数 $\lambda = 0.1856$。

竖向均布荷载：$q = \gamma h\left(1 - \dfrac{h}{B}\lambda\tan\theta\right) = 317.846\text{kN/m}^2$。

横向均布荷载：$e = \dfrac{1}{2}(e_1 + e_2) = \dfrac{1}{2}\gamma(h+H)\lambda = 93.956\text{kN/m}^2$。

二次衬砌厚度为 450mm，带仰拱。

施加了主动荷载和径向弹簧，以及约束条件的结构模型如图 2-14 所示。

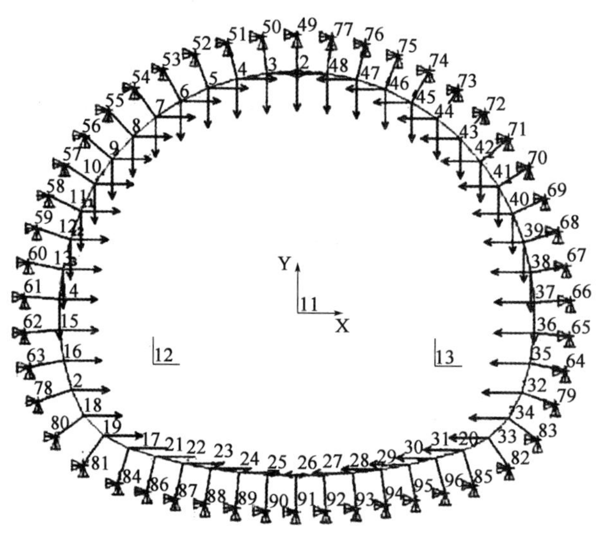

图 2-14　荷载模型图

经过反复的试算去除受拉弹簧，最终得到结构变形图、内力图，分别如图 2-15 ~ 图 2-18 所示，各图对应的节点内力值见表 2-10 ~ 表 2-12。

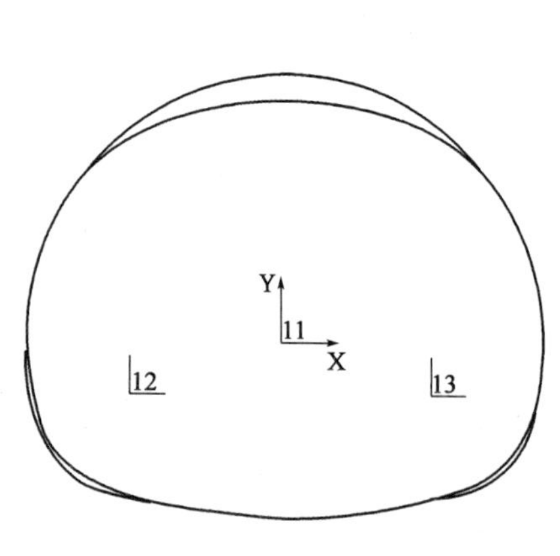

图 2-15　结构变形图

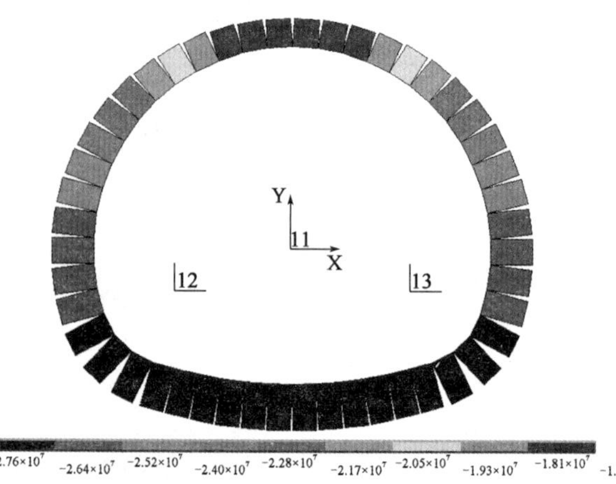

图 2-16　结构轴力图(单位:N)

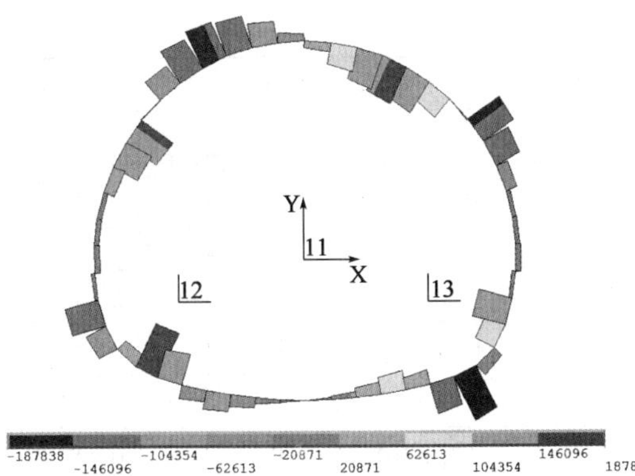

图 2-17　结构剪力图(单位:N)

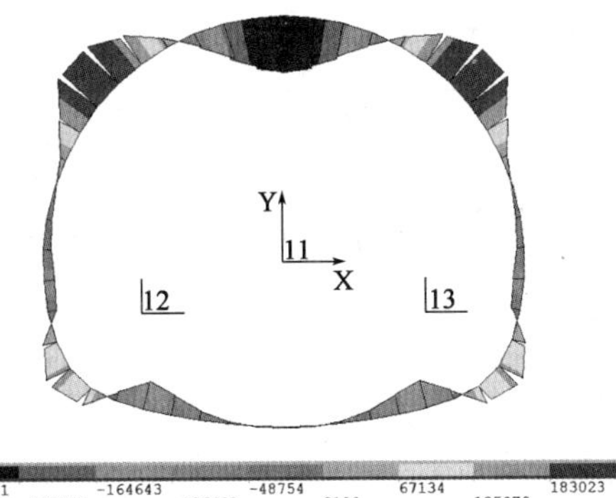

图 2-18　结构弯矩图(单位:N·m)

节点轴力值(单位:N)　　表 2-10

节点号	N	节点号	N	节点号	N	节点号	N
1	-1.69×10^{6}	13	-2.54×10^{6}	25	-2.76×10^{6}	37	-2.53×10^{6}
2	-1.72×10^{6}	14	-2.55×10^{6}	26	-2.75×10^{6}	38	-2.49×10^{6}
3	-1.79×10^{6}	15	-2.59×10^{6}	27	-2.74×10^{6}	39	-2.43×10^{6}
4	-1.87×10^{6}	16	-2.67×10^{6}	28	-2.73×10^{6}	40	-2.36×10^{6}
5	-1.97×10^{6}	17	-2.72×10^{6}	29	-2.71×10^{6}	41	-2.28×10^{6}
6	-2.08×10^{6}	18	-2.72×10^{6}	30	-2.69×10^{6}	42	-2.19×10^{6}
7	-2.19×10^{6}	19	-2.69×10^{6}	31	-2.73×10^{6}	43	-2.09×10^{6}
8	-2.28×10^{6}	20	-2.71×10^{6}	32	-2.72×10^{6}	44	-1.98×10^{6}
9	-2.35×10^{6}	21	-2.72×10^{6}	33	-2.68×10^{6}	45	-1.88×10^{6}
10	-2.42×10^{6}	22	-2.74×10^{6}	34	-2.60×10^{6}	46	-1.79×10^{6}
11	-2.48×10^{6}	23	-2.75×10^{6}	35	-2.56×10^{6}	47	-1.73×10^{6}
12	-2.52×10^{6}	24	-2.76×10^{6}	36	-2.55×10^{6}	48	-1.69×10^{6}

节点剪力值(单位:N)　　表 2-11

节点号	Q	节点号	Q	节点号	Q	节点号	Q
1	-2.64×10^{4}	13	2.06×10^{4}	25	-67.8	37	-1.62×10^{4}
2	-8.33×10^{4}	14	-1.42×10^{4}	26	1.38×10^{4}	38	-1.54×10^{4}
3	1.25×10^{5}	15	1.35×10^{5}	27	3.91×10^{4}	39	-4.42×10^{4}
4	1.44×10^{5}	16	-8.40×10^{4}	28	6.52×10^{4}	40	1.05×10^{5}
5	1.31×10^{5}	17	4.40×10^{4}	29	4.53×10^{4}	41	1.43×10^{5}
6	-8.37×10^{4}	18	1.80×10^{5}	30	1.19×10^{5}	42	4.57×10^{3}
7	1.73×10^{3}	19	1.11×10^{5}	31	1.88×10^{5}	43	9.08×10^{4}
8	1.48×10^{5}	20	-5.38×10^{4}	32	-5.02×10^{4}	44	1.39×10^{5}
9	1.09×10^{5}	21	-7.38×10^{4}	33	8.00×10^{4}	45	1.52×10^{5}
10	4.75×10^{4}	22	-4.78×10^{4}	34	1.32×10^{5}	46	1.34×10^{5}
11	1.76×10^{4}	23	-2.25×10^{4}	35	1.29×10^{4}	47	9.24×10^{4}
12	1.73×10^{4}	24	-8.66×10^{3}	36	-2.07×10^{4}	48	3.56×10^{4}

节点弯矩值(单位:N·m)　表 2-12

节点号	M	节点号	M	节点号	M	节点号	M
1	-2.81×10^{5}	13	-3.73×10^{4}	25	7.84×10^{3}	37	-3.73×10^{4}
2	-2.54×10^{5}	14	-5.46×10^{4}	26	4.44×10^{3}	38	-2.32×10^{4}
3	-1.81×10^{5}	15	-4.32×10^{4}	27	-9.92×10^{3}	39	-9.36×10^{3}
4	-7.16×10^{4}	16	6.88×10^{4}	28	-4.43×10^{4}	40	2.92×10^{4}
5	5.27×10^{4}	17	1.33×10^{5}	29	-9.93×10^{4}	41	1.19×10^{5}
6	1.66×10^{5}	18	9.61×10^{4}	30	-1.39×10^{5}	42	2.41×10^{5}
7	2.40×10^{5}	19	-4.77×10^{4}	31	-4.77×10^{4}	43	2.40×10^{5}
8	2.41×10^{5}	20	-1.39×10^{5}	32	9.61×10^{4}	44	1.66×10^{5}
9	1.19×10^{5}	21	-9.93×10^{4}	33	1.33×10^{5}	45	5.27×10^{4}
10	2.92×10^{4}	22	-4.43×10^{4}	34	6.88×10^{4}	46	-7.16×10^{4}
11	-9.36×10^{3}	23	-9.92×10^{3}	35	-4.32×10^{4}	47	-1.81×10^{5}
12	-2.32×10^{4}	24	4.44×10^{3}	36	-5.46×10^{4}	48	-2.54×10^{5}

(4)Ⅴ级围岩浅埋隧道衬砌

围岩特性:重度 $\gamma=20\text{kN/m}^3$,弹性模量 $E_c=2\text{GPa}$,泊松比 $\varepsilon=0.45$,弹性抗力系数 $K=200\text{MPa/m}$,侧压力系数:$\lambda=0.2666$。

竖向均布荷载:$q=\gamma h\left(1-\dfrac{h}{B}\lambda\tan\theta\right)=499.642\text{kN/m}^2$。

横向均布荷载:$e=\dfrac{1}{2}(e_1+e_2)=\dfrac{1}{2}\gamma(h+H)\lambda=204.749\text{kN/m}^2$。

二次衬砌厚度为500mm,带仰拱。

施加了主动荷载和径向弹簧,以及约束条件的结构模型如图 2-19 所示。

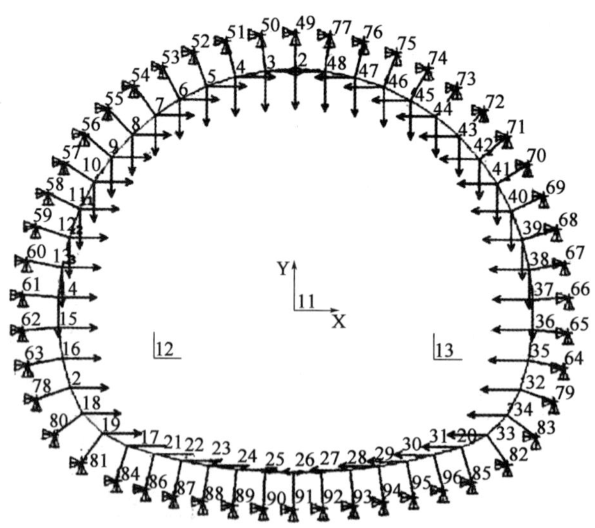

图 2-19　荷载模型图

经过反复的试算去除受拉弹簧,最终得到结构变形图,内力图,分别如图 2-20 ~ 图 2-23 所示,各图对应的节点值见表 2-13 ~ 表 2-15。

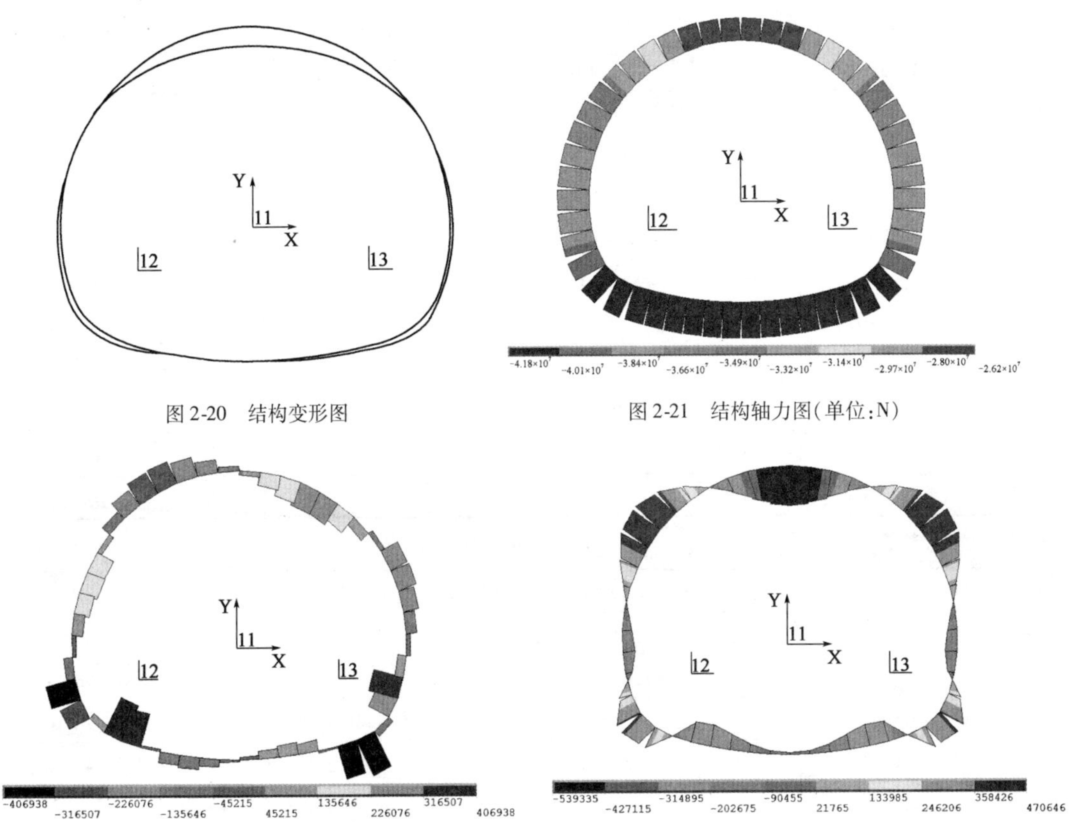

图 2-20　结构变形图

图 2-21　结构轴力图(单位:N)

图 2-22　结构剪力图(单位:N)

图 2-23　结构弯矩图(单位:N · m)

节点轴力值(单位:N)　　表 2-13

节点号	N	节点号	N	节点号	N	节点号	N
1	-2.62×10^6	13	-3.74×10^6	25	-4.18×10^6	37	-3.73×10^6
2	-2.67×10^6	14	-3.76×10^6	26	-4.17×10^6	38	-3.69×10^6
3	-2.75×10^6	15	-3.83×10^6	27	-4.15×10^6	39	-3.63×10^6
4	-2.87×10^6	16	-3.99×10^6	28	-4.12×10^6	40	-3.56×10^6
5	-3.01×10^6	17	-4.10×10^6	29	-4.08×10^6	41	-3.45×10^6
6	-3.16×10^6	18	-4.11×10^6	30	-4.05×10^6	42	-3.32×10^6
7	-3.31×10^6	19	-4.05×10^6	31	-4.12×10^6	43	-3.17×10^6
8	-3.44×10^6	20	-4.08×10^6	32	-4.11×10^6	44	-3.01×10^6
9	-3.55×10^6	21	-4.12×10^6	33	-4.00×10^6	45	-2.87×10^6
10	-3.63×10^6	22	-4.15×10^6	34	-3.84×10^6	46	-2.75×10^6
11	-3.68×10^6	23	-4.17×10^6	35	-3.77×10^6	47	-2.67×10^6
12	-3.72×10^6	24	-4.18×10^6	36	-3.75×10^6	48	-2.62×10^6

节点剪力值(单位:N) 表 2-14

节点号	Q	节点号	Q	节点号	Q	节点号	Q
1	-4.39×10^4	13	4.18×10^4	25	2.49×10^4	37	-1.11×10^5
2	-1.35×10^5	14	-9.08×10^4	26	8.07×10^4	38	-1.59×10^5
3	-2.07×10^5	15	-3.22×10^5	27	1.18×10^5	39	-1.99×10^5
4	-2.47×10^5	16	-2.46×10^5	28	1.04×10^5	40	-1.94×10^5
5	-2.45×10^5	17	6.59×10^4	29	-2.57×10^4	41	-4.71×10^4
6	-1.96×10^5	18	3.98×10^5	30	-3.53×10^5	42	1.04×10^5
7	-9.65×10^4	19	3.43×10^5	31	-4.07×10^5	43	2.04×10^5
8	5.31×10^4	20	1.62×10^4	32	-7.27×10^4	44	2.54×10^5
9	1.99×10^5	21	-1.13×10^5	33	2.42×10^5	45	2.56×10^5
10	2.03×10^5	22	-1.28×10^5	34	3.19×10^5	46	2.17×10^5
11	1.62×10^5	23	-9.04×10^4	35	8.94×10^4	47	1.45×10^5
12	1.12×10^5	24	-3.46×10^4	36	-4.19×10^4	48	5.42×10^4

节点弯矩值(单位:N·m) 表 2-15

节点号	M	节点号	M	节点号	M	节点号	M
1	-5.39×10^5	13	-1.34×10^5	25	-1.90×10^4	37	-1.34×10^5
2	-4.98×10^5	14	-1.69×10^5	26	-4.26×10^4	38	-3.98×10^4
3	-3.80×10^5	15	-9.31×10^4	27	-1.10×10^5	39	9.49×10^4
4	-2.02×10^5	16	1.76×10^5	28	-2.08×10^5	40	2.64×10^5
5	8.71×10^3	17	3.67×10^5	29	-2.94×10^5	41	4.29×10^5
6	2.18×10^5	18	3.13×10^5	30	-2.77×10^5	42	4.71×10^5
7	3.87×10^5	19	-1.68×10^3	31	-1.68×10^3	43	3.87×10^5
8	4.71×10^5	20	-2.77×10^5	32	3.13×10^5	44	2.18×10^5
9	4.29×10^5	21	-2.94×10^5	33	3.67×10^5	45	8.71×10^3
10	2.64×10^5	22	-2.08×10^5	34	1.76×10^5	46	-2.02×10^5
11	9.49×10^4	23	-1.10×10^5	35	-9.31×10^4	47	-3.80×10^5
12	-3.98×10^4	24	-4.26×10^4	36	-1.69×10^5	48	-4.98×10^5

五、配筋计算

说明:配筋计算中提及的《规范》表格均指《铁路隧道设计规范》(TB 10003—2016)的相应表格。

1. Ⅲ级围岩深埋隧道衬砌

(1)最大正弯矩截面(7,43 节点)

截面为矩形($b\times h=1000\text{mm}\times400\text{mm}$),取 $a_s=a_s'=40\text{mm}$,轴向力设计值 $N=606\text{kN}$,弯矩设计值 $M=58.1\text{kN}\cdot\text{m}$。

求偏心距：

$$e_0=\frac{M}{N}=\frac{58.1}{606}=0.09587\mathrm{m}=95.87\mathrm{mm}\begin{cases}<0.45h=180\mathrm{mm}\\>0.2h=80\mathrm{mm}\end{cases}$$

抗拉强度控制承载能力验算公式：

$$KN\leqslant\varphi\frac{1.75R_1bh}{\frac{6e_0}{h}-1}$$

式中：R_1——混凝土的抗拉极限强度，按《规范》表5.3.1采用；

K——安全系数，按《规范》表11.1.1-2采用；

N——轴向力，MN；

φ——构件纵向弯曲系数，对于隧道衬砌、明洞拱圈及墙背紧密回填的边墙，可取$\varphi=1$；对于其他构件，应根据其长细比按《规范》表10.2.1-1采用；

b——截面宽度，m；

h——截面厚度，m。

按抗拉强度控制承载能力来验算：

$$KN=2.4\times606=1454\mathrm{MN}\leqslant\varphi\frac{1.75R_1bh}{\frac{6e_0}{h}-1}=1.0\times\frac{1.75\times2200\times1\times0.4}{\frac{6\times95.87}{400}-1}=3522.82\mathrm{MN}$$

故强度满足要求，衬砌不需要配筋。

(2)最大负弯矩截面(1节点)

截面为矩形($b\times h=1000\mathrm{mm}\times400\mathrm{mm}$)，取$a_s=a_s'=40\mathrm{mm}$，轴向力设计值$N=476\mathrm{kN}$，弯矩设计值$M=66.1\mathrm{kN\cdot m}$。

求偏心距：

$$e_0=\frac{M}{N}=\frac{66.1}{476}=0.1389\mathrm{m}=138.9\mathrm{mm}\begin{cases}<0.45h=180\mathrm{mm}\\>0.2h=80\mathrm{mm}\end{cases}$$

按抗拉强度控制承载能力来验算：

$$KN=2.4\times373=895.2\mathrm{MN}\leqslant\varphi\frac{1.75R_1bh}{\frac{6e_0}{h}-1}=1.0\times\frac{1.75\times2000\times1\times0.4}{\frac{6\times0.097}{0.4}-1}=3076.923\mathrm{MN}$$

故强度满足要求，衬砌不需要配筋。

2. Ⅳ级围岩深埋隧道衬砌

(1)最大正弯矩截面(8,42节点)

截面为矩形($b\times h=1000\mathrm{mm}\times450\mathrm{mm}$)，取$a_s=a_s'=40\mathrm{mm}$，轴向力设计值$N=1090\mathrm{kN}$，弯矩设计值$M=123\mathrm{kN\cdot m}$。

求偏心距：

$$e_0=\frac{M}{N}=\frac{123}{1090}=0.11284\text{m}=112.84\text{mm}\begin{cases}<0.45h=202\text{mm}\\>0.2h=90\text{mm}\end{cases}$$

按抗压强度控制承载能力来验算：

$$KN=2.4\times1090=2616\text{MN}\leqslant\varphi\frac{1.75R_l bh}{\dfrac{6e_0}{h}-1}=1.0\times\frac{1.75\times2200\times1\times0.45}{\dfrac{6\times112.84}{450}-1}=3433.86\text{MN}$$

故强度满足要求，衬砌不需要配筋。

(2)最大负弯矩截面(1 节点)

截面为矩形($b\times h=1000\text{mm}\times450\text{mm}$)，取 $a_s=a'_s=40\text{mm}$，轴向力设计值 $N=835\text{kN}$，弯矩设计值 $M=140\text{kN}\cdot\text{m}$。

求偏心距：

$$e_0=\frac{M}{N}=\frac{140}{835}=0.16766\text{m}=167.66\text{mm}\begin{cases}<0.45h=202\text{mm}\\>0.2h=90\text{mm}\end{cases}$$

按抗拉强度控制承载能力来验算：

$$KN=2.4\times835=2004\text{MN}>\varphi\frac{1.75R_l bh}{\dfrac{6e_0}{h}-1}=1.0\times\frac{1.75\times2200\times1\times0.45}{\dfrac{6\times167.66}{450}-1}=1402.3\text{MN}$$

强度不满足要求，衬砌需要配筋。

①配筋。

截面为矩形($b\times h=1000\text{mm}\times450\text{mm}$)，取 $a_s=a'_s=40\text{mm}$，计算长度 $l_0=1.0\text{m}$，轴向力设计值 $N=835\text{kN}$，弯矩设计值 $M=140\text{kN}\cdot\text{m}$。

采用Ⅰ级钢筋，$f_{cm}=16.5\text{N/mm}^2$，$f_y=300\text{N/mm}^2$，$f'_y=300\text{N/mm}^2$。

a. 求偏心距。

$$h_0=h-a_s=450-40=410\text{mm}$$

$$e_0=\frac{M}{N}=\frac{140}{835}=0.16766\text{m}=167.66\text{mm}$$

附加偏心距 $e_a=\max\{20,450/30\}=20\text{mm}$

初始偏心距 $e_i=e_0+e_a=167.66+20=187.66\text{mm}$

b. 求偏心距增大系数。

$$\frac{l}{h}=\frac{1.0}{0.45}=2.22<8$$

取偏心距增大系数 $\eta=1.0$。

c. 辨别大小偏心。

计算偏心距：

$$\eta e_i = 1.0 \times 187.66 = 187.66\text{mm} > 0.3h_0 = 123\text{mm}$$

属于大偏心受压构件。

纵向力作用点至钢筋 A_s 的距离：

$$e = \eta e_i + \frac{h}{2} - a_s' = 187.66 + \frac{450}{2} - 40 = 372.66\text{mm}$$

d. 求钢筋面积 A_s'和 A_s。

为了节约钢材，充分利用受压区混凝土强度，取 $\xi = \dfrac{x}{h_0} = \xi_b = 0.544$，则受压钢筋面积：

$$A_s' = \frac{Ne - f_{cm}bh_0^2\xi_b(1-0.5\xi_b)}{f_y'(h_0 - a_s')}$$

$$= \frac{835000 \times 372.66 - 16.5 \times 1000 \times 410^2 \times 0.544 \times (1 - 0.5 \times 0.544)}{300 \times (410 - 40)}$$

$$= -7092.64\text{mm}^2 < 0$$

按最小配筋率配筋：

$$A_s' = \rho_{min}bh = 0.002bh = 0.002 \times 1000 \times 450 = 900\text{mm}^2$$

这时受拉区高度：

$$x = h_0 - \sqrt{h_0^2 - \frac{2[Ne - f_y'A_s'(h_0 - a'_s)]}{f_{cm}b}}$$

$$= 410 - \sqrt{410^2 - \frac{2[835000 \times 372.66 - 300 \times 900 \times (410 - 40)]}{16.5 \times 1000}}$$

$$= 32.52\text{mm} < 2a_s' = 80\text{mm}$$

令 $x = 2a_s'$，则

$$e' = \eta e_i - \frac{h}{2} + a_s' = 187.66 - 225 + 40 = 2.66\text{mm}$$

$$A_s = \frac{Ne'}{f_y(h_0 - a_s')} = \frac{835000 \times 2.66}{300 \times (410 - 40)} = 20.01 < \rho_{min}bh = 0.002bh = 900\text{mm}^2$$

按最小配筋率配筋：

$$A_s = \rho_{min}bh = 0.002bh = 0.002 \times 1000 \times 450 = 900\text{mm}^2$$

e. 选择钢筋直径和根数。

受压钢筋选用 3Φ20（$A_s' = 942\text{mm}^2$），受拉钢筋选用 3Φ20（$A_s' = 942\text{mm}^2$）。

②裂缝验算。

$$e_0 = \frac{M}{N} = \frac{140}{835} = 0.16766\text{m} = 167.66\text{mm} < 0.55h_0 = 225.5\text{mm}$$

可不进行裂缝宽度的验算。

3. Ⅳ级围岩浅埋隧道衬砌

(1)最大正弯矩截面(8,42 节点)

截面为矩形($b \times h = 1000\text{mm} \times 450\text{mm}$),取 $a_s = a_s' = 40\text{mm}$,轴向力设计值 $N = 2190\text{kN}$,弯矩设计值 $M = 241\text{kN} \cdot \text{m}$。

求偏心距:

$$e_0 = \frac{M}{N} = \frac{241}{2190} = 0.11004\text{m} = 110.04\text{mm}\begin{cases} < 0.45h = 202\text{mm} \\ > 0.2h = 90\text{mm} \end{cases}$$

按抗压强度控制承载能力来验算:

$$KN = 2.4 \times 2190 = 5256\text{MN} > \varphi \frac{1.75R_1bh}{\frac{6e_0}{h} - 1} = 1.0 \times \frac{1.75 \times 2200 \times 1 \times 0.45}{\frac{6 \times 110.04}{450} - 1} = 3708.26\text{MN}$$

强度不满足要求,衬砌需要配筋。

①配筋。

截面为矩形($b \times h = 1000\text{mm} \times 450\text{mm}$),取 $a_s = a_s' = 40\text{mm}$,计算长度 $l_0 = 1.0\text{m}$,轴向力设计值 $N = 2190\text{kN}$,弯矩设计值 $M = 241\text{kN} \cdot \text{m}$。

采用Ⅰ级钢筋,$f_{cm} = 16.5\text{N/mm}^2$,$f_y = 300\text{N/mm}^2$,$f_y' = 300\text{N/mm}^2$。

a. 求偏心距。

$$h_0 = h - a_s = 450 - 40 = 410\text{mm}$$

$$e_0 = \frac{M}{N} = \frac{241}{2280} = 0.10570\text{m} = 105.7\text{mm}$$

附加偏心距 $e_a = \max\{20, 450/30\} = 20\text{mm}$

初始偏心距 $e_i = e_0 + e_a = 105.7 + 20 = 125.7\text{mm}$

b. 求偏心距增大系数。

$$\frac{l}{h} = \frac{1.0}{0.45} = 2.22 < 8$$

取偏心距增大系数 $\eta = 1.0$。

c. 辨别大小偏心。

计算偏心距:

$$\eta e_i = 1.0 \times 125.7 = 125.7\text{mm} > 0.3h_0 = 123\text{mm}$$

属于大偏心受压构件。

纵向力作用点至钢筋 A_s 的距离:

$$e = \eta e_i + \frac{h}{2} - a_s' = 125.7 + \frac{450}{2} - 40 = 310.7\text{mm}$$

d. 求钢筋面积 A_s' 和 A_s。

为了节约钢材,充分利用受压区混凝土强度,取 $\xi = \frac{x}{h_0} = \xi_b = 0.544$,则受压钢筋面积:

$$A'_s=\frac{Ne-f_{cm}bh_0^2\xi_b(1-0.5\xi_b)}{f'_y(h_0-a'_s)}$$

$$=\frac{2280000\times310.7-16.5\times1000\times410^2\times0.544\times(1-0.5\times0.544)}{300\times(410-40)}$$

$$=-3679.14\text{mm}^2<0$$

按最小配筋率配筋：

$$A'_s=\rho'_{min}bh=0.002bh=0.002\times1000\times450=900\text{mm}^2$$

这时受拉区高度：

$$x=h_0-\sqrt{h_0^2-\frac{2[Ne-f'_yA'_s(h_0-a'_s)]}{f_{cm}b}}$$

$$=410-\sqrt{410^2-\frac{2[2190000\times315.04-300\times900\times(410-40)]}{16.5\times1000}}$$

$$=99.23\text{mm}>2a'_s=80\text{mm}$$

$$e'=\eta e_i-\frac{h}{2}+a'_s=315.04-225+40=130.04\text{mm}$$

$$A_s=\frac{1}{f_y}(f_{cm}bx+f'_yA'_s-N)$$

$$=\frac{1}{300}\times(16.5\times1000\times99.23+300\times900-2190000)$$

$$=-942.35\text{mm}^2$$

按最小配筋率配筋：

$$A_s=\rho_{min}bh=0.002bh=0.002\times1000\times450=900\text{mm}^2$$

e. 选择钢筋直径和根数。

受压钢筋选用3Φ20（$A'_s=942\text{mm}^2$），受拉钢筋选用3Φ20（$A'_s=942\text{mm}^2$）。

②裂缝验算。

$$e_0=\frac{M}{N}=\frac{241}{2280}=0.10570\text{m}=105.7\text{mm}<0.55h_0=225.5\text{mm}$$

可不进行裂缝宽度的验算。

（2）最大负弯矩截面（1节点）

截面为矩形（$b\times h=1000\text{mm}\times450\text{mm}$），取 $a_s=a'_s=40\text{mm}$，轴向力设计值 $N=1690\text{kN}$，弯矩设计值 $M=281\text{kN}\cdot\text{m}$。

求偏心距：

$$e_0=\frac{M}{N}=\frac{281}{1690}=0.16627\text{m}=166.27\text{mm}\begin{cases}<0.45h=202\text{mm}\\>0.2h=90\text{mm}\end{cases}$$

按抗拉强度控制承载能力来验算：

$$KN=2.4\times1690=4056\text{MN}>\varphi\frac{1.75R_1bh}{\dfrac{6e_0}{h}-1}=1.0\times\frac{1.75\times2200\times1\times0.45}{\dfrac{6\times166.27}{450}-1}=1423.66\text{MN}$$

强度不满足要求，故衬砌需要配筋。

①配筋。

截面为矩形（$b\times h=1000\text{mm}\times450\text{mm}$），取 $a_s=a_s'=40\text{mm}$，计算长度 $l_0=1.0\text{m}$，轴向力设计值 $N=1690\text{kN}$，弯矩设计值 $M=281\text{kN}\cdot\text{m}$。

采用Ⅰ级钢筋，$f_{cm}=16.5\text{N/mm}^2$，$f_y=300\text{N/mm}^2$，$f_y'=300\text{N/mm}^2$。

a. 求偏心距。

$$h_0=h-a_s=450-40=410\text{mm}$$

$$e_0=\frac{M}{N}=\frac{281}{1690}=0.16627\text{m}=166.27\text{mm}$$

附加偏心距 $$e_a=\max\{20,450/30\}=20\text{mm}$$

初始偏心距 $$e_i=e_0+e_a=166.27+20=186.27\text{mm}$$

b. 求偏心距增大系数。

$$\frac{l}{h}=\frac{1.0}{0.45}=2.22<8$$

取偏心距增大系数 $\eta=1.0$。

c. 辨别大小偏心

计算偏心距：

$$\eta e_i=1.0\times186.27=186.27\text{mm}>0.3h_0=123\text{mm}$$

属于大偏心受压构件。

纵向力作用点至钢筋 A_s 的距离：

$$e=\eta e_i+\frac{h}{2}-a_s'=186.27+\frac{450}{2}-40=371.27\text{mm}$$

d. 求钢筋面积 A_s' 和 A_s。

为了节约钢材，充分利用受压区混凝土强度，取 $\xi=\dfrac{x}{h_0}=\xi_b=0.544$，则受压钢筋面积：

$$A_s'=\frac{Ne-f_{cm}bh_0^2\xi_b(1-0.5\xi_b)}{f_y'(h_0-a_s')}$$

$$=\frac{1690000\times371.27-16.5\times1000\times410^2\times0.544\times(1-0.5\times0.544)}{300\times(410-40)}$$

$$=-4243.31\text{mm}^2<0$$

按最小配筋率配筋：

$$A_s'=\rho_{\min}'bh=0.002bh=0.002\times1000\times450=900\text{mm}^2$$

这时受拉区高度：

$$x = h_0 - \sqrt{h_0^2 - \frac{2[Ne - f'_y A'_s(h_0 - a'_s)]}{f_{cm} b}}$$

$$= 410 - \sqrt{410^2 - \frac{2[1690000 \times 371.27 - 300 \times 900 \times (410 - 40)]}{16.5 \times 1000}}$$

$$= 87.27\text{mm} > 2a'_s = 80\text{mm}$$

$$e' = \eta e_i - \frac{h}{2} + a'_s = 371.27 - 225 + 40 = 186.27\text{mm}$$

$$A_s = \frac{1}{f_y}(f_{cm} bx + f'_y A'_s - N)$$

$$= \frac{1}{300} \times (16.5 \times 1000 \times 87.27 + 300 \times 900 - 1690000)$$

$$= 66.52\text{mm}^2 < \rho_{min} bh = 0.002bh = 0.002 \times 1000 \times 450 = 900\text{mm}^2$$

按最小配筋率配筋：

$$A_s = \rho_{min} bh = 0.002bh = 0.002 \times 1000 \times 450 = 900\text{mm}^2$$

e. 选择钢筋直径和根数。

受压钢筋选用 3Φ20（$A'_s = 942\text{mm}^2$），受拉钢筋选用 3Φ20（$A'_s = 942\text{mm}^2$）。

②裂缝验算。

$$e_0 = \frac{M}{N} = \frac{281}{1690} = 0.16627\text{m} = 166.27\text{mm} < 0.55h_0 = 225.5\text{mm}$$

可不进行裂缝宽度的验算。

4. V级围岩浅埋隧道衬砌

（1）最大正弯矩截面（8，42 节点）

截面为矩形（$b \times h = 1000\text{mm} \times 500\text{mm}$），纵向取 1m 计算，取 $a_s = a'_s = 40\text{mm}$，轴向力设计值 $N = 3320\text{kN}$，弯矩设计值 $M = 471\text{kN} \cdot \text{m}$。

求偏心距：

$$e_0 = \frac{M}{N} = \frac{471}{3320} = 0.14187\text{m} = 141.87\text{mm} \begin{cases} < 0.45h = 225\text{mm} \\ > 0.2h = 100\text{mm} \end{cases}$$

按抗拉强度控制承载能力来验算：

$$KN = 2.4 \times 3320 = 7968\text{MN} > \varphi \frac{1.75R_1 bh}{\frac{6e_0}{h} - 1} = 1.0 \times \frac{1.75 \times 2200 \times 1 \times 0.5}{\frac{6 \times 141.87}{500} - 1} = 2740.47\text{MN}$$

强度不满足要求，故衬砌需要配筋。

①配筋。

截面为矩形（$b \times h = 1000\text{mm} \times 500\text{mm}$），取 $a_s = a'_s = 40\text{mm}$，计算长度 $l_0 = 1.0\text{m}$，轴向力设计值 $N = 3320\text{kN}$，弯矩设计值 $M = 471\text{kN} \cdot \text{m}$。

采用Ⅰ级钢筋，$f_{cm}=16.5\text{N/mm}^2$，$f_y=300\text{N/mm}^2$，$f'_y=300\text{N/mm}^2$。

a. 求偏心距。

$$h_0=h-a_s=500-40=460\text{mm}$$

$$e_0=\frac{M}{N}=\frac{471}{3320}=0.14187\text{m}=141.87\text{mm}$$

附加偏心距　$e_a=\max\{20, 500/30\}=20\text{mm}$

初始偏心距　$e_i=e_0+e_a=141.87+20=161.87\text{mm}$

b. 求偏心距增大系数。

$$\frac{l}{h}=\frac{1.0}{0.5}=2<8$$

取偏心距增大系数 $\eta=1.0$。

c. 辨别大小偏心。

计算偏心距：

$$\eta e_i=1.0\times161.87=161.87\text{mm}>0.3h_0=138\text{mm}$$

属于大偏心受压构件。

纵向力作用点至钢筋 A_s 的距离：

$$e=\eta e_i+\frac{h}{2}-a'_s=161.87+\frac{500}{2}-40=371.87\text{mm}$$

d. 求钢筋面积 A'_s 和 A_s。

为了节约钢材，充分利用受压区混凝土强度，取 $\xi=\frac{x}{h_0}=\xi_b=0.544$，则受压钢筋面积：

$$A'_s=\frac{Ne-f_{cm}bh_0^2\xi_b(1-0.5\xi_b)}{f'_y(h_0-a'_s)}$$

$$=\frac{3320000\times371.87-16.5\times1000\times460^2\times0.544\times(1-0.5\times0.544)}{300\times(460-40)}$$

$$=-1175.38\text{mm}^2<0$$

按最小配筋率配筋：

$$A'_s=\rho'_{min}bh=0.002bh=0.002\times1000\times500=1000\text{mm}^2$$

这时受拉区高度：

$$x=h_0-\sqrt{h_0^2-\frac{2[Ne-f'_yA'_s(h_0-a'_s)]}{f_{cm}b}}$$

$$=460-\sqrt{460^2-\frac{2[3320000\times371.87-300\times1000\times(460-40)]}{16.5\times1000}}$$

$$=182.11\text{mm}>2a'_s=80\text{mm}$$

$$e'=\eta e_i-\frac{h}{2}+a'_s=371.87-250+40=161.87\text{mm}$$

$$A_s = \frac{1}{f_y}(f_{cm}bx + f'_yA'_s - N)$$

$$= \frac{1}{300} \times (16.5 \times 1000 \times 182.11 + 300 \times 1000 - 3320000)$$

$$= -50.62\text{mm}^2 < 0$$

按最小配筋率配筋：

$$A_s = \rho_{\min}bh = 0.002bh = 0.002 \times 1000 \times 500 = 1000\text{mm}^2$$

e. 选择钢筋直径和根数。

受压钢筋选用 4Φ18（$A'_s = 1018\text{mm}^2$），受拉钢筋选用 4Φ18（$A'_s = 1018\text{mm}^2$）。

②裂缝验算。

$$e_0 = \frac{M}{N} = \frac{471}{3320} = 0.14187\text{m} = 141.87\text{mm} < 0.55h_0 = 253\text{mm}$$

可不进行裂缝宽度的验算。

(2) 最大负弯矩截面(1 节点)

截面为矩形($b \times h = 1000\text{mm} \times 500\text{mm}$)，纵向取一米计算，取 $a_s = a'_s = 40\text{mm}$，轴向力设计值 $N = 2620\text{kN}$，弯矩设计值 $M = 539\text{kN} \cdot \text{m}$。

求偏心距：

$$e_0 = \frac{M}{N} = \frac{539}{2620} = 0.20572\text{m} = 205.72\text{mm}\begin{cases} < 0.45h = 225\text{mm} \\ > 0.2h = 100\text{mm} \end{cases}$$

按抗拉强度控制承载能力来验算：

$$KN = 2.4 \times 2620 = 6288\text{MN} > \varphi\frac{1.75R_1bh}{\frac{6e_0}{h} - 1} = 1.0 \times \frac{1.75 \times 2200 \times 1 \times 0.5}{\frac{6 \times 205.72}{500} - 1} = 1310.74\text{MN}$$

强度不满足要求，故衬砌需要配筋。

①配筋。

截面为矩形($b \times h = 1000\text{mm} \times 500\text{mm}$)，取 $a_s = a'_s = 40\text{mm}$，计算长度 $l_0 = 1.0\text{m}$，轴向力设计值 $N = 2620\text{kN}$，弯矩设计值 $M = 539\text{kN} \cdot \text{m}$。

采用 Ⅰ 级钢筋，$f_{cm} = 16.5\text{N/mm}^2$，$f_y = 300\text{N/mm}^2$，$f'_y = 300\text{N/mm}^2$。

a. 求偏心距。

$$h_0 = h - a_s = 500 - 40 = 460\text{mm}$$

$$e_0 = \frac{M}{N} = \frac{539}{2620} = 0.20572\text{m} = 205.72\text{mm}$$

附加偏心距　$e_a = \max\{20, 500/30\} = 20\text{mm}$

初始偏心距　$e_i = e_0 + e_a = 205.72 + 20 = 225.72\text{mm}$

b. 求偏心距增大系数。

$$\frac{l}{h} = \frac{1.0}{0.5} = 2 < 8$$

取偏心距增大系数 $\eta = 1.0$。

c. 辨别大小偏心。

计算偏心距

$$\eta e_i = 1.0 \times 225.72 = 225.72\text{mm} > 0.3h_0 = 138\text{mm}$$

属于大偏心受压构件。

纵向力作用点至钢筋 A_s 的距离：

$$e = \eta e_i + \frac{h}{2} - a'_s = 225.72 + \frac{500}{2} - 40 = 435.72\text{mm}$$

d. 求钢筋面积 A'_s和 A_s。

为了节约钢材，充分利用受压区混凝土强度，取 $\xi = \frac{x}{h_0} = \xi_b = 0.544$，则受压钢筋面积：

$$A'_s = \frac{Ne - f_{cm}bh_0^2\xi_b(1 - 0.5\xi_b)}{f'_y(h_0 - a'_s)}$$

$$= \frac{2620000 \times 435.72 - 16.5 \times 1000 \times 460^2 \times 0.544 \times (1 - 0.5 \times 0.544)}{300 \times (460 - 40)}$$

$$= -1913.65\text{mm}^2 < 0$$

按最小配筋率配筋：

$$A'_s = \rho'_{min}bh = 0.002bh = 0.002 \times 1000 \times 500 = 1000\text{mm}^2$$

这时受拉区高度：

$$x = h_0 - \sqrt{h_0^2 - \frac{2[Ne - f'_yA'_s(h_0 - a'_s)]}{f_{cm}b}}$$

$$= 460 - \sqrt{460^2 - \frac{2[2620000 \times 435.72 - 300 \times 1000 \times (460 - 40)]}{16.5 \times 1000}}$$

$$= 162.51\text{mm} > 2a'_s = 80\text{mm}$$

$$e' = \eta e_i - \frac{h}{2} + a'_s = 371.87 - 250 + 40 = 161.87\text{mm}$$

$$A_s = \frac{1}{f_y}(f_{cm}bx + f'_yA'_s - N)$$

$$= \frac{1}{300} \times (16.5 \times 1000 \times 162.51 + 300 \times 1000 - 2620000)$$

$$= 1204.72\text{mm}^2 > \rho_{min}bh = 0.002bh = 0.002 \times 1000 \times 500 = 1000\text{mm}^2$$

e. 选择钢筋直径和根数。

受压钢筋选用 4Φ18（$A'_s = 1018\text{mm}^2$），受拉钢筋选用 5Φ18（$A'_s = 1272\text{mm}^2$）

②裂缝验算。

$$e_0 = \frac{M}{N} = \frac{539}{2620} = 0.20572\text{m} = 205.72\text{mm} < 0.55h_0 = 253\text{mm}$$

可不进行裂缝宽度的验算。

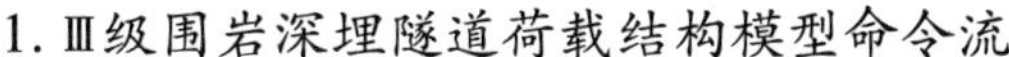

六、命令流(ANSYS 10.0)

扫码下载命令流

1.Ⅲ级围岩深埋隧道荷载结构模型命令流

```
! 确定分析标题
/title, Ⅲ

! 菜单过滤设置
/nopr
/pmeth,OFF,0
KEYW,PR_SET,1
KEYW,PR_STRUC,1                                    ! 保留结构分析部分菜单

! 进入前处理器
/PREP7

! 压缩单元编号
numcmp,all

! 建立单元
ET,1,BEAM3

! 设平面单元为平面应变单元
KEYOPT,1,6,1

! 定义 C30 衬砌
MPTEMP,,,,,,,,
MPTEMP,1,0
MPDATA,EX,1,,3.1e10
MPDATA,PRXY,1,,0.2
MPDATA,DENS,1,,2500

! 定义三级围岩深埋隧道衬砌实常数
R,1,0.4,0.4*0.4*0.4/12,0.4

! 建立模型
k,1,0,6.65
k,2,-6.3,-2.12897
```

```
k,3,-4.67789,-3.71461
k,4,4.67789,-3.71461
k,5,6.3,-2.12897

! 圆心
k,100,0,0
k,200,-3.93158,-1.3286
k,300,3.93158,-1.3286
k,400,0,11.24087

larc,1,2,100,6.65
larc,2,3,200,2.5
larc,3,4,400,15.67
larc,4,5,300,2.5
larc,5,1,100,6.65

! 指定材料,划分网格
lsel,s,line,,1,5,4
lesize,all,,,15,,,,,1
allsel

lsel,s,line,,2,4,2
lesize,all,,,3,,,,,1
allsel

lsel,s,line,,3,3
lesize,all,,,12,,,,,1
allsel

type,1
mat,1
real,1

lmesh,all
allsel

! 显示节点号
/pnum,node,1
```

```
! 施加径向弹簧
local,11,1,0,0
csys,11

psprng,1,tran,1008361659,1

*do,i,3,16
psprng,i,tran,1008361659,1
*enddo

*do,i,35,48
psprng,i,tran,1008361659,1
*enddo

*do,i,2,32,30
psprng,i,tran,973133049,1
*enddo

local,12,1,-3.93158,-1.3286
csys,12

*do,i,18,19
psprng,i,tran,937904439,1
*enddo

local,13,1,3.93158,-1.3286
csys,13

*do,i,33,34
psprng,i,tran,937904439,1
*enddo

local,14,1,0,11.24087
csys,14

*do,i,17,20,3
psprng,i,tran,943933085,1
*enddo
```

```
*do,i,21,31
psprng,i,tran,949961732,1
*enddo

allsel
csys,0

! 施加荷载
f,1,fx,0 $ f,1,fy,-69060.56812
f,3,fx,1306.3686616 $ f,3,fy,-68509.219219
f,4,fx,2591.8800044 $ f,4,fy,-66863.975445
f,5,fx,3836.0064624 $ f,5,fy,-64151.105883
f,6,fx,5018.8829056 $ f,6,fy,-60413.927255
f,7,fx,6121.622192 $ f,7,fy,-55712.111586
f,8,fx,7126.6167405 $ f,8,fy,-50120.733384
f,9,fx,8017.819672 $ f,9,fy,-43729.07091
f,10,fx,8781.0010335 $ f,10,fy,-36639.180669
f,11,fx,9403.9750022 $ f,11,fy,-28964.267849
f,12,fx,9876.7944812 $ f,12,fy,-20826.878811
f,13,fx,10191.909907 $ f,13,fy,-12356.944307
f,14,fx,10344.289778 $ f,14,fy,-4027.740154
f,15,fx,10331.501023 $ f,15,fy,0
f,16,fx,10153.747856 $ f,16,fy,0
f,2,fx,9287.3219314 $ f,2,fy,0
f,18,fx,7649.7854379 $ f,18,fy,0
f,19,fx,5517.8976607 $ f,19,fy,0
f,17,fx,3484.776465 $ f,17,fy,0
f,21,fx,2443.3406581 $ f,21,fy,0
f,22,fx,1962.1978337 $ f,22,fy,0
f,23,fx,1476.0471224 $ f,23,fy,0
f,24,fx,986.12926921 $ f,24,fy,0
f,25,fx,493.69463406 $ f,25,fy,0
f,26,fx,0 $ f,26,fy,0
f,27,fx,-493.69463381 $ f,27,fy,0
f,28,fx,-986.12926896 $ f,28,fy,0
f,29,fx,-1476.0471222 $ f,29,fy,0
f,30,fx,-1962.1978334 $ f,30,fy,0
f,31,fx,-2443.3406586 $ f,31,fy,0
```

```
f,20,fx,-3484.7764662 $ f,20,fy,0
f,33,fx,-5517.8976614 $ f,33,fy,0
f,34,fx,-7649.7854374 $ f,34,fy,0
f,32,fx,-9287.3219235 $ f,32,fy,0
f,35,fx,-10153.747849 $ f,35,fy,0
f,36,fx,-10331.501024 $ f,36,fy,0
f,37,fx,-10344.289779 $ f,37,fy,-4027.7401491
f,38,fx,-10191.909911 $ f,38,fy,-12356.944304
f,39,fx,-9876.7944907 $ f,39,fy,-20826.878829
f,40,fx,-9403.9750083 $ f,40,fy,-28964.267869
f,41,fx,-8781.001033 $ f,41,fy,-36639.180675
f,42,fx,-8017.8196714 $ f,42,fy,-43729.070915
f,43,fx,-7126.6167358 $ f,43,fy,-50120.733351
f,44,fx,-6121.6221864 $ f,44,fy,-55712.111531
f,45,fx,-5018.8829048 $ f,45,fy,-60413.927229
f,46,fx,-3836.0064636 $ f,46,fy,-64151.105875
f,47,fx,-2591.880006 $ f,47,fy,-66863.975438
f,48,fx,-1306.3686633 $ f,48,fy,-68509.219262

! 施加约束
/solu
antype,static
ACEL,0,9.8,0
solve

! 后处理
/post1
set,last
pldisp,2

! 删除受拉弹簧后计算,直到没有受拉弹簧为止
/prep7
esel,s,elem,,49,55
esel,a,elem,,72,77
edele,all
allsel
/solu
solve
```

```
! 后处理
/post1
set,last
pldisp,2

! 不显示节点号
/PNUM,NODE,0

! 设置背景为白色
/RGB,INDEX,100,100,100,0
/RGB,INDEX,80,80,80,13
/RGB,INDEX,60,60,60,14
/RGB,INDEX,0,0,0,15
/REPLOT

! 衬砌内力
esel,s,type,,1
plesol,u,x
plesol,u,y

! 轴力
etable,fx_i,smisc,1
etable,fx_j,smisc,7
! 剪力
etable,fy_i,smisc,2
etable,fy_j,smisc,8
! 弯矩
etable,mz_i,smisc,6
etable,mz_j,smisc,12

! 显示轴力图
plls,fx_i,fx_j,1
! 显示剪力图
plls,fy_i,fy_j,1
! 显示弯矩图
plls,mz_i,mz_j,-1
! 显示变形图
pldisp,2
```

2. Ⅳ级围岩深埋隧道荷载结构模型命令流

```
! 确定分析标题
/title, Ⅳ

/NOPR                                          ! 菜单过滤设置
/pmeth,OFF,0
KEYW,PR_SET,1
KEYW,PR_STRUC,1                                ! 保留结构分析部分菜单

! 进入前处理器
/PREP7

! 压缩
numcmp,all

! 建立单元
ET,1,BEAM3

! 设平面单元为平面应变单元
KEYOPT,1,6,1

! 定义 C30 衬砌
MPTEMP,,,,,,,,
MPTEMP,1,0
MPDATA,EX,1,,3.1e10
MPDATA,PRXY,1,,0.2
MPDATA,DENS,1,,2500

! 定义四级围岩深埋隧道衬砌实常数
R,1,0.45,0.45*0.45*0.45/12,0.45

! 建立模型
k,1,0,6.65
k,2,-6.3,-2.12897
k,3,-4.67789,-3.71461
k,4,4.67789,-3.71461
k,5,6.3,-2.12897
```

```
! 圆心
k,100,0,0
k,200,-3.93158,-1.3286
k,300,3.93158,-1.3286
k,400,0,11.24087
larc,1,2,100,6.65
larc,2,3,200,2.5
larc,3,4,400,15.67
larc,4,5,300,2.5
larc,5,1,100,6.65

! 指定材料,划分网格
lsel,s,line,,1,5,4
lesize,all,,,15,,,,,1
allsel

lsel,s,line,,2,4,2
lesize,all,,,3,,,,,1
allsel

lsel,s,line,,3,3
lesize,all,,,12,,,,,1
allsel

type,1
mat,1
real,1

lmesh,all
allsel

! 显示节点号
/pnum,node,1

! 施加径向弹簧
local,11,1,0,0
csys,11
```

```
psprng,1,tran,420150691,1

*do,i,3,16
psprng,i,tran,420150691,1
*enddo

*do,i,35,48
psprng,i,tran,420150691,1
*enddo

*do,i,2,32,30
psprng,i,tran,405472104,1
*enddo

local,12,1,-3.93158,-1.3286
csys,12

*do,i,18,19
psprng,i,tran,390793516,1
*enddo

local,13,1,3.93158,-1.3286
csys,13

*do,i,33,34
psprng,i,tran,390793516,1
*enddo

local,14,1,0,11.24087
csys,14

*do,i,17,20,3
psprng,i,tran,393305452,1
*enddo

*do,i,21,31
psprng,i,tran,395817388,1
*enddo
```

```
allsel
csys,0

! 施加荷载
f,1,fx,0 $ f,1,fy, -127071.44534
f,3,fx,4807.4366747 $ f,3,fy, -126056.96336
f,4,fx,9538.1184163 $ f,4,fy, -123029.71482
f,5,fx,14116.503782 $ f,5,fy, -118038.03482
f,6,fx,18469.489092 $ f,6,fy, -111161.62615
f,7,fx,22527.569667 $ f,7,fy, -102510.28532
f,8,fx,26225.949605 $ f,8,fy, -92222.149426
f,9,fx,29505.576393 $ f,9,fy, -80461.490474
f,10,fx,32314.083803 $ f,10,fy, -67416.092431
f,11,fx,34606.628008 $ f,11,fy, -53294.252843
f,12,fx,36346.603691 $ f,12,fy, -38321.457011
f,13,fx,37506.228458 $ f,13,fy, -22736.777525
f,14,fx,38066.986383 $ f,14,fy, -7411.0418834
f,15,fx,38019.923766 $ f,15,fy,0
f,16,fx,37365.792109 $ f,16,fy,0
f,2,fx,34177.344708 $ f,2,fy,0
f,18,fx,28151.210412 $ f,18,fy,0
f,19,fx,20305.863391 $ f,19,fy,0
f,17,fx,12823.977391 $ f,17,fy,0
f,21,fx,8991.4936217 $ f,21,fy,0
f,22,fx,7220.888028 $ f,22,fy,0
f,23,fx,5431.8534106 $ f,23,fy,0
f,24,fx,3628.9557107 $ f,24,fy,0
f,25,fx,1816.7962533 $ f,25,fy,0
f,26,fx,0 $ f,26,fy,0
f,27,fx, -1816.7962524 $ f,27,fy,0
f,28,fx, -3628.9557098 $ f,28,fy,0
f,29,fx, -5431.8534097 $ f,29,fy,0
f,30,fx, -7220.8880268 $ f,30,fy,0
f,31,fx, -8991.4936235 $ f,31,fy,0
f,20,fx, -12823.977396 $ f,20,fy,0
f,33,fx, -20305.863394 $ f,33,fy,0
f,34,fx, -28151.21041 $ f,34,fy,0
f,32,fx, -34177.344678 $ f,32,fy,0
```

```
f,35,fx,-37365.792084 $ f,35,fy,0
f,36,fx,-38019.923767 $ f,36,fy,0
f,37,fx,-38066.986385 $ f,37,fy,-7411.0418743
f,38,fx,-37506.228472 $ f,38,fy,-22736.777519
f,39,fx,-36346.603726 $ f,39,fy,-38321.457045
f,40,fx,-34606.62803 $ f,40,fy,-53294.252878
f,41,fx,-32314.083801 $ f,41,fy,-67416.092442
f,42,fx,-29505.576391 $ f,42,fy,-80461.490483
f,43,fx,-26225.949588 $ f,43,fy,-92222.149367
f,44,fx,-22527.569646 $ f,44,fy,-102510.28522
f,45,fx,-18469.48909 $ f,45,fy,-111161.6261
f,46,fx,-14116.503786 $ f,46,fy,-118038.03481
f,47,fx,-9538.118422 $ f,47,fy,-123029.71481
f,48,fx,-4807.4366811 $ f,48,fy,-126056.96344

! 施加约束
/solu
antype,static
ACEL,0,9.8,0
solve

! 后处理
/post1
set,last
pldisp,2

! 删除受拉弹簧后计算,直到没有受拉弹簧为止
/prep7
esel,s,elem,,49,55
esel,a,elem,,72,77
edele,all
allsel
/solu
solve

! 后处理
/post1
set,last
```

```
pldisp,2

! 不显示节点号
/PNUM,NODE,0

! 设置背景为白色
/RGB,INDEX,100,100,100,0
/RGB,INDEX,80,80,80,13
/RGB,INDEX,60,60,60,14
/RGB,INDEX,0,0,0,15
/REPLOT

! 衬砌内力
esel,s,type,,1
plesol,u,x
plesol,u,y

! 轴力
etable,fx_i,smisc,1
etable,fx_j,smisc,7
! 剪力
etable,fy_i,smisc,2
etable,fy_j,smisc,8
! 弯矩
etable,mz_i,smisc,6
etable,mz_j,smisc,12

! 显示轴力图
plls,fx_i,fx_j,1
! 显示剪力图
plls,fy_i,fy_j,1
! 显示弯矩图
plls,mz_i,mz_j,-1
! 显示变形图
pldisp,2
```

3. Ⅳ级围岩浅埋隧道荷载结构模型命令流

```
! 确定分析标题
```

```
/title, IVd

/NOPR                                              ! 菜单过滤设置
/pmeth,OFF,0
KEYW,PR_SET,1
KEYW,PR_STRUC,1                                    ! 保留结构分析部分菜单

! 进入前处理器
/PREP7

! 压缩
numcmp,all

! 建立单元
ET,1,BEAM3

! 设平面单元为平面应变单元
KEYOPT,1,6,1

! 定义 C30 衬砌
MPTEMP,,,,,,,,
MPTEMP,1,0
MPDATA,EX,1,,3.1e10
MPDATA,PRXY,1,,0.2
MPDATA,DENS,1,,2500

! 定义四级围岩浅埋隧道衬砌实常数
R,1,0.45,0.45*0.45*0.45/12,0.45

! 建立模型
k,1,0,6.65
k,2,-6.3,-2.12897
k,3,-4.67789,-3.71461
k,4,4.67789,-3.71461
k,5,6.3,-2.12897

! 圆心
k,100,0,0
```

```
k,200, -3.93158, -1.3286
k,300,3.93158, -1.3286
k,400,0,11.24087

larc,1,2,100,6.65
larc,2,3,200,2.5
larc,3,4,400,15.67
larc,4,5,300,2.5
larc,5,1,100,6.65

! 指定材料,划分网格
lsel,s,line,,1,5,4
lesize,all,,,15,,,,,1
allsel

lsel,s,line,,2,4,2
lesize,all,,,3,,,,,1
allsel

lsel,s,line,,3,3
lesize,all,,,12,,,,,1
allsel

type,1
mat,1
real,1

lmesh,all
allsel

! 显示节点号
/pnum,node,1

! 施加径向弹簧
local,11,1,0,0
csys,11

psprng,1,tran,420150691,1
```

```
*do,i,3,16
psprng,i,tran,420150691,1
*enddo

*do,i,35,48
psprng,i,tran,420150691,1
*enddo

*do,i,2,32,30
psprng,i,tran,405472104,1
*enddo

local,12,1,-3.93158,-1.3286
csys,12

*do,i,18,19
psprng,i,tran,390793516,1
*enddo

local,13,1,3.93158,-1.3286
csys,13

*do,i,33,34
psprng,i,tran,390793516,1
*enddo

local,14,1,0,11.24087
csys,14

*do,i,17,20,3
psprng,i,tran,393305452,1
*enddo

*do,i,21,31
psprng,i,tran,395817388,1
*enddo

allsel
```

```
csys,0

! 施加荷载
f,1,fx,0 $ f,1,fy,-266553.45215
f,3,fx,9936.5756085 $ f,3,fy,-264425.40778
f,4,fx,19714.505093 $ f,4,fy,-258075.2514
f,5,fx,29177.650512 $ f,5,fy,-247604.37392
f,6,fx,38174.912586 $ f,6,fy,-233179.96515
f,7,fx,46562.63086 $ f,7,fy,-215032.34152
f,8,fx,54206.87755 $ f,8,fy,-193451.26852
f,9,fx,60985.595971 $ f,9,fy,-168781.33394
f,10,fx,66790.549446 $ f,10,fy,-141416.44584
f,11,fx,71529.049476 $ f,11,fy,-111793.54289
f,12,fx,75125.435887 $ f,12,fy,-80385.617951
f,13,fx,77522.284759 $ f,13,fy,-47694.165466
f,14,fx,78681.3252 $ f,14,fy,-15545.890682
f,15,fx,78584.050647 $ f,15,fy,0
f,16,fx,77232.014395 $ f,16,fy,0
f,2,fx,70641.756255 $ f,2,fy,0
f,18,fx,58186.233049 $ f,18,fy,0
f,19,fx,41970.546996 $ f,19,fy,0
f,17,fx,26506.104931 $ f,17,fy,0
f,21,fx,18584.676669 $ f,21,fy,0
f,22,fx,14924.980755 $ f,22,fy,0
f,23,fx,11227.193567 $ f,23,fy,0
f,24,fx,7500.7525297 $ f,24,fy,0
f,25,fx,3755.1682025 $ f,25,fy,0
f,26,fx,0 $ f,26,fy,0
f,27,fx,-3755.1682007 $ f,27,fy,0
f,28,fx,-7500.7525278 $ f,28,fy,0
f,29,fx,-11227.193565 $ f,29,fy,0
f,30,fx,-14924.980753 $ f,30,fy,0
f,31,fx,-18584.676672 $ f,31,fy,0
f,20,fx,-26506.10494 $ f,20,fy,0
f,33,fx,-41970.547001 $ f,33,fy,0
f,34,fx,-58186.233046 $ f,34,fy,0
f,32,fx,-70641.756194 $ f,32,fy,0
f,35,fx,-77232.014344 $ f,35,fy,0
```

```
f,36,fx,-78584.050651 $ f,36,fy,0
f,37,fx,-78681.325205 $ f,37,fy,-15545.890663
f,38,fx,-77522.284789 $ f,38,fy,-47694.165453
f,39,fx,-75125.435959 $ f,39,fy,-80385.618021
f,40,fx,-71529.049522 $ f,40,fy,-111793.54297
f,41,fx,-66790.549442 $ f,41,fy,-141416.44586
f,42,fx,-60985.595967 $ f,42,fy,-168781.33396
f,43,fx,-54206.877514 $ f,43,fy,-193451.2684
f,44,fx,-46562.630817 $ f,44,fy,-215032.34131
f,45,fx,-38174.91258 $ f,45,fy,-233179.96505
f,46,fx,-29177.650521 $ f,46,fy,-247604.37389
f,47,fx,-19714.505104 $ f,47,fy,-258075.25137
f,48,fx,-9936.5756217 $ f,48,fy,-264425.40795

! 施加约束
/solu
antype,static
ACEL,0,9.8,0
solve

! 后处理
/post1
set,last
pldisp,2

! 删除受拉弹簧后计算,直到没有受拉弹簧为止
/prep7
esel,s,elem,,49,55
esel,a,elem,,72,77
edele,all
allsel
/solu
solve

! 后处理
/post1
set,last
pldisp,2
```

```
! 不显示节点号
/PNUM,NODE,0

! 设置背景为白色
/RGB,INDEX,100,100,100,0
/RGB,INDEX,80,80,80,13
/RGB,INDEX,60,60,60,14
/RGB,INDEX,0,0,0,15
/REPLOT

! 衬砌内力
esel,s,type,,1
plesol,u,x
plesol,u,y

! 轴力
etable,fx_i,smisc,1
etable,fx_j,smisc,7
! 剪力
etable,fy_i,smisc,2
etable,fy_j,smisc,8
! 弯矩
etable,mz_i,smisc,6
etable,mz_j,smisc,12

! 显示轴力图
plls,fx_i,fx_j,1
! 显示剪力图
plls,fy_i,fy_j,1
! 显示弯矩图
plls,mz_i,mz_j,-1
! 显示变形图
pldisp,2
```

4. V级围岩浅埋隧道荷载结构模型命令流

```
! 确定分析标题
/title, V
```

```
/NOPR                                                    ! 菜单过滤设置
/pmeth,OFF,0
KEYW,PR_SET,1
KEYW,PR_STRUC,1                                          ! 保留结构分析部分菜单

! 进入前处理器
/PREP7

! 压缩
numcmp,all

! 建立单元
ET,1,BEAM3

! 设平面单元为平面应变单元
KEYOPT,1,6,1

! 定义 C30 衬砌
MPTEMP,,,,,,,,
MPTEMP,1,0
MPDATA,EX,1,,3.1e10
MPDATA,PRXY,1,,0.2
MPDATA,DENS,1,,2500

! 定义五级围岩浅埋隧道衬砌实常数
R,1,0.5,0.5*0.5*0.5/12,0.5

! 建立模型
k,1,0,6.65
k,2,-6.3,-2.12897
k,3,-4.67789,-3.71461
k,4,4.67789,-3.71461
k,5,6.3,-2.12897

! 圆心
k,100,0,0
k,200,-3.93158,-1.3286
k,300,3.93158,-1.3286
```

```
k,400,0,11.24087

larc,1,2,100,6.65
larc,2,3,200,2.5
larc,3,4,400,15.67
larc,4,5,300,2.5
larc,5,1,100,6.65

! 指定材料,划分网格
lsel,s,line,,1,5,4
lesize,all,,,15,,,,,1
allsel

lsel,s,line,,2,4,2
lesize,all,,,3,,,,,1
allsel

lsel,s,line,,3,3
lesize,all,,,12,,,,,1
allsel

type,1
mat,1
real,1

lmesh,all
allsel

! 显示节点号
/pnum,node,1

! 施加径向弹簧
local,11,1,0,0
csys,11

psprng,1,tran,168060276,1

*do,i,3,16
```

```
psprng,i,tran,168060276,1
*enddo

*do,i,35,48
psprng,i,tran,168060276,1
*enddo

*do,i,2,32,30
psprng,i,tran,162188842,1
*enddo

local,12,1,-3.93158,-1.3286
csys,12

*do,i,18,19
psprng,i,tran,156317406,1
*enddo

local,13,1,3.93158,-1.3286
csys,13

*do,i,33,34
psprng,i,tran,156317406,1
*enddo

local,14,1,0,11.24087
csys,14

*do,i,17,20,3
psprng,i,tran,157322181,1
*enddo

*do,i,21,31
psprng,i,tran,158326955,1
*enddo

allsel
csys,0
```

```
! 施加荷载
f,1,fx,0 $ f,1,fy, -419011.35105
f,3,fx,21653.707008 $ f,3,fy, -415666.15054
f,4,fx,42961.693637 $ f,4,fy, -405683.95903
f,5,fx,63583.70532 $ f,5,fy, -389224.15901
f,6,fx,83190.467699 $ f,6,fy, -366549.56614
f,7,fx,101468.91705 $ f,7,fy, -338022.22862
f,8,fx,118127.199 $ f,8,fy, -304097.64621
f,9,fx,132899.32859 $ f,9,fy, -265317.4971
f,10,fx,145549.43731 $ f,10,fy, -222300.98899
f,11,fx,155875.53912 $ f,11,fy, -175734.97198
f,12,fx,163712.75595 $ f,12,fy, -126362.9719
f,13,fx,168935.95006 $ f,13,fy, -74973.317915
f,14,fx,171461.72183 $ f,14,fy, -24437.517523
f,15,fx,171249.74189 $ f,15,fy,0
f,16,fx,168303.39518 $ f,16,fy,0
f,2,fx,153941.95674 $ f,2,fy,0
f,18,fx,126798.97905 $ f,18,fy,0
f,19,fx,91461.884198 $ f,19,fy,0
f,17,fx,57761.894312 $ f,17,fy,0
f,21,fx,40499.580468 $ f,21,fy,0
f,22,fx,32524.400066 $ f,22,fy,0
f,23,fx,24466.21146 $ f,23,fy,0
f,24,fx,16345.580612 $ f,24,fy,0
f,25,fx,8183.232859 $ f,25,fy,0
f,26,fx,0 $ f,26,fy,0
f,27,fx, -8183.2328549 $ f,27,fy,0
f,28,fx, -16345.580608 $ f,28,fy,0
f,29,fx, -24466.211456 $ f,29,fy,0
f,30,fx, -32524.40006 $ f,30,fy,0
f,31,fx, -40499.580476 $ f,31,fy,0
f,20,fx, -57761.894331 $ f,20,fy,0
f,33,fx, -91461.884209 $ f,33,fy,0
f,34,fx, -126798.97904 $ f,34,fy,0
f,32,fx, -153941.95661 $ f,32,fy,0
f,35,fx, -168303.39507 $ f,35,fy,0
f,36,fx, -171249.7419 $ f,36,fy,0
f,37,fx, -171461.72184 $ f,37,fy, -24437.517493
```

```
f,38,fx,-168935.95013 $ f,38,fy,-74973.317895
f,39,fx,-163712.75611 $ f,39,fy,-126362.97201
f,40,fx,-155875.53922 $ f,40,fy,-175734.9721
f,41,fx,-145549.4373 $ f,41,fy,-222300.98903
f,42,fx,-132899.32858 $ f,42,fy,-265317.49713
f,43,fx,-118127.19892 $ f,43,fy,-304097.64601
f,44,fx,-101468.91696 $ f,44,fy,-338022.22828
f,45,fx,-83190.467687 $ f,45,fy,-366549.56598
f,46,fx,-63583.705341 $ f,46,fy,-389224.15897
f,47,fx,-42961.693663 $ f,47,fy,-405683.95899
f,48,fx,-21653.707037 $ f,48,fy,-415666.1508

! 施加约束
/solu
antype,static
ACEL,0,9.8,0
solve

! 后处理
/post1
set,last
pldisp,2

! 删除受拉弹簧后计算,直到没有受拉弹簧为止
/prep7
esel,s,elem,,49,56
esel,a,elem,,71,77
edele,all
allsel
/solu
solve

! 后处理
/post1
set,last
pldisp,2

! 不显示节点号
```

```
/PNUM,NODE,0

! 设置背景为白色
/RGB,INDEX,100,100,100,0
/RGB,INDEX,80,80,80,13
/RGB,INDEX,60,60,60,14
/RGB,INDEX,0,0,0,15
/REPLOT

! 衬砌内力
esel,s,type,,1
plesol,u,x
plesol,u,y

! 轴力
etable,fx_i,smisc,1
etable,fx_j,smisc,7
! 剪力
etable,fy_i,smisc,2
etable,fy_j,smisc,8
! 弯矩
etable,mz_i,smisc,6
etable,mz_j,smisc,12

! 显示轴力图
plls,fx_i,fx_j,1
! 显示剪力图
plls,fy_i,fy_j,1
! 显示弯矩图
plls,mz_i,mz_j,-1
! 显示变形图
pldisp,2
```